ESTHETICIAN 世界技能大赛成果转化教材 **操作技能（高级）**

美容行业职业技能等级认定培训教材

Training Materials for Certification of Professional Skill Levels in the Beauty Industry

美容师

人力资源社会保障部教材办公室
中国美发美容协会 组织编写

主 编 李真芹 梁英英 王 珮

审 稿 王 芃 Marisa Wang（美国） 陈 渝 李 娟 顾炜恩

中国劳动社会保障出版社

图书在版编目（CIP）数据

美容师操作技能：高级 / 人力资源社会保障部教材办公室，中国美发美容协会组织编写. -- 北京：中国劳动社会保障出版社，2023
美容行业职业技能等级认定培训教材
ISBN 978-7-5167-5733-8

Ⅰ. ①美… Ⅱ. ①人…②中… Ⅲ. ①美容 – 职业技能 – 鉴定 – 教材 Ⅳ. ①TS974.1

中国国家版本馆 CIP 数据核字（2023）第 063672 号

中国劳动社会保障出版社出版发行
（北京市惠新东街 1 号 邮政编码：100029）
*
北京华联印刷有限公司印刷装订 新华书店经销

880 毫米 ×1230 毫米 16 开本 9.25 印张 195 千字
2023 年 5 月第 1 版 2024 年12月第 3 次印刷
定价：45.00 元

营销中心电话：400-606-6496
出版社网址：http://www.class.com.cn

美容行业职业技能等级认定培训教材

各教材目录导图

美容师基础知识

美容行业概述
美容师职业发展指引
美容医学基础知识
美容化妆品基础知识
美容美学基础知识

美容师理论知识（初级 中级）

美容院接待与咨询
美容院产品销售
美容仪器
面部基础护理
化妆基础

美容师操作技能（初级 中级）

美容师操作姿态要求与基本功训练
护理前的准备工作
护理后的结束工作
面部护理基本流程与操作要领
身体皮肤护理技术要领

美容师理论知识（高级）

特殊部位皮肤护理
面部常见问题皮肤护理
高级美容仪器
芳疗美容护理
SPA 身体护理
生活化妆

美容师操作技能（高级）

面部护理基础仪器
身体护理基础仪器
面部淋巴引流按摩
身体按摩
手足护理
脱毛

美容师理论知识（技师　高级技师）

睫毛嫁接
文绣
美甲基础
脱毛
中医美容
医疗美容咨询
专业英语
培训与指导
美容院经营管理

使用指南

基本要求：本书是理论教材的对应配套教材，根据世界技能职业标准，主要讲解各项美容技术的操作步骤及技术要领。建议在进行各模块实际操作前先复习相关理论知识（见本套书理论分册），在系统的理论知识的指导下进行实践操作，可有效提高练习质量和效率。

练习评分：在每个学习单元后面都附有横向评分表。每一次实操后，美容师可以对照各项评分标准进行自我评估，也可以将评分表用于同学互评和教师、教练的评估。美容师应努力争取成绩不断增长，技能水平不断提高。

总结改进：在每份评分表后面，都附有工作笔记，用于记录每一次实操后的自我总结。建议先总结前一次目标的完成情况，然后找出目前存在的问题，最后针对问题制定下一个学习目标、改进方法和实施计划。如果美容师坚持每一次实操都能根据上次的总结有针对性地进行练习改进，那么技能会得到有效提高。

适用范围：本教材展示的技术标准对标世界技能大赛美容项目技术标准，适用于日常教学、企业内训和各类比赛训练。教材中的操作步骤及操作方法主要以教学及比赛情景为主，少部分内容与美容院实际服务操作方法有所不同，不同之处将在书中具体说明。

评分表使用：评分表结构、评分方式及评分标准依据世界技能大赛评分系统，并与美容师职业技能等级认定实操题库匹配，测评的是美容师是否将国际公认的实践方法作为参照标准，做好就业准备。每个学习单元的评分表采用 10 分制评分，并将测评方法分为测量（measurement，简称 M，客观判断）和评价（judgement，简称 J，主观评判）两种。

测量：用于评估可以被客观测量及准确判断的操作技术，即对与错。

评价：用于评估与尺寸、数量无关的质量，即个人主观评价可能产生微小差异的技术水平。在评分时分为“0，1，2，3”4 个等级进行配分，参考行业要求如下。

0——不可接受。

1——可以接受。

2——可接受，同时具有高品质的部分特征。

3——优秀。

目　录

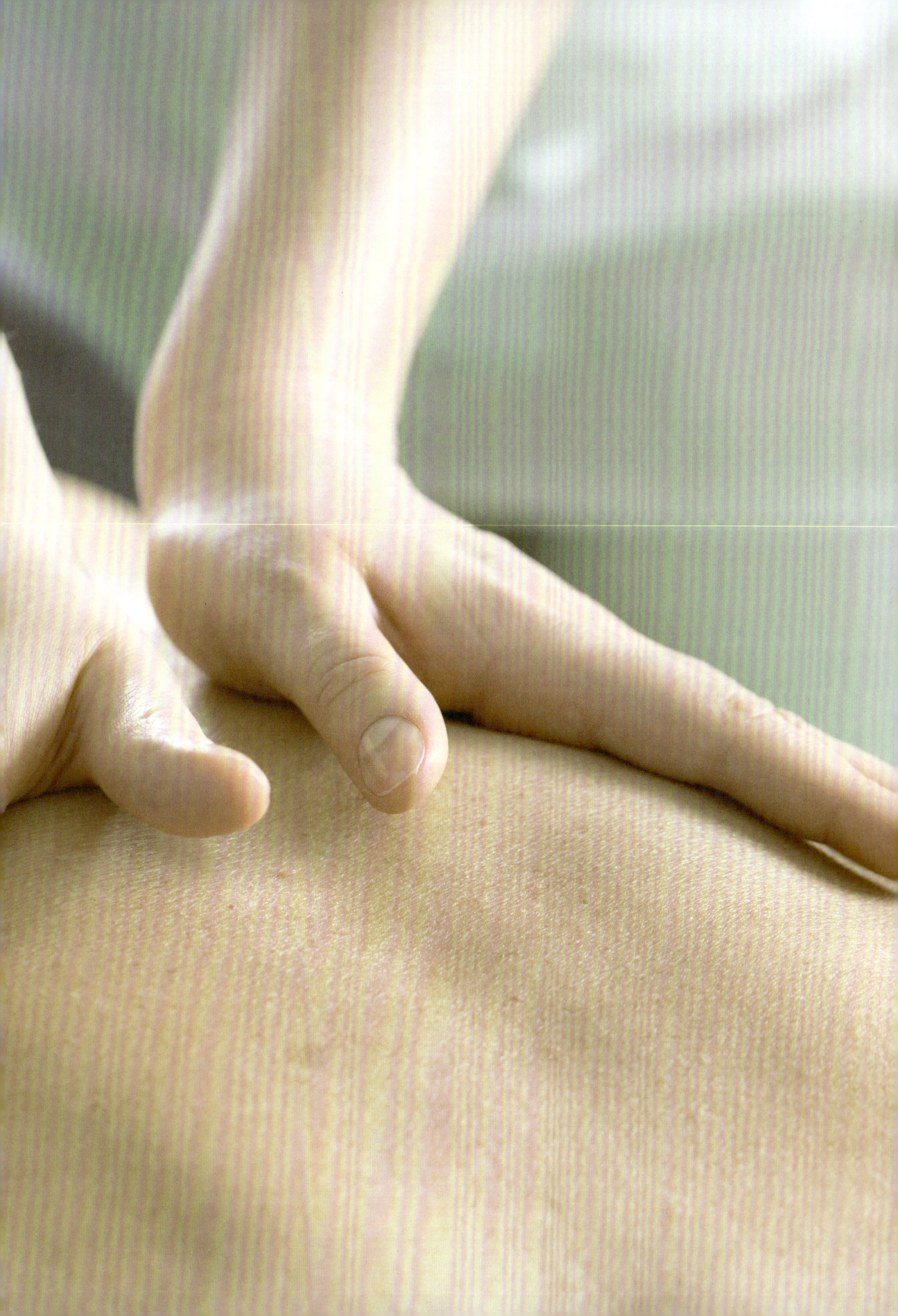

第一章

面部护理基础仪器

第一节　超声波美容仪

实操内容

观看超声波精华导入的操作视频请用微信扫左下方二维码。

观看超声波去角质的操作视频请用微信扫右下方二维码。

物品准备

1. 超声波仪器及配件
2. 玻璃碗
3. 面膜刷
4. 4 in① ×4 in 的干棉片、湿棉片

产品准备

1. 精华素（导入用）
2. 纯净水或保湿爽肤水（去角质用）
3. 消毒喷雾、抗菌手部啫喱等

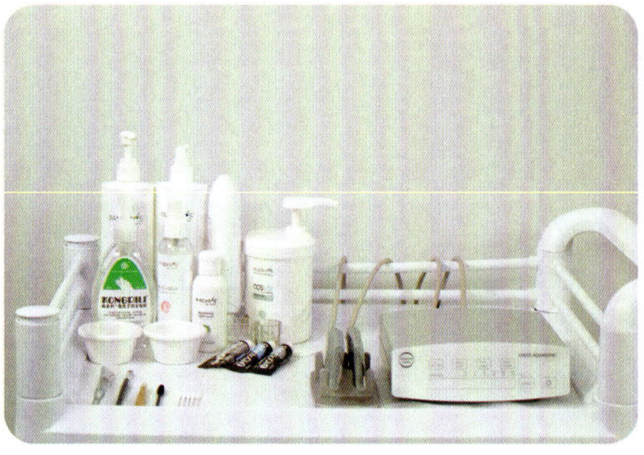

1 物品准备。准备操作所需要的工具、产品和仪器，将所有插头插入正确插孔。

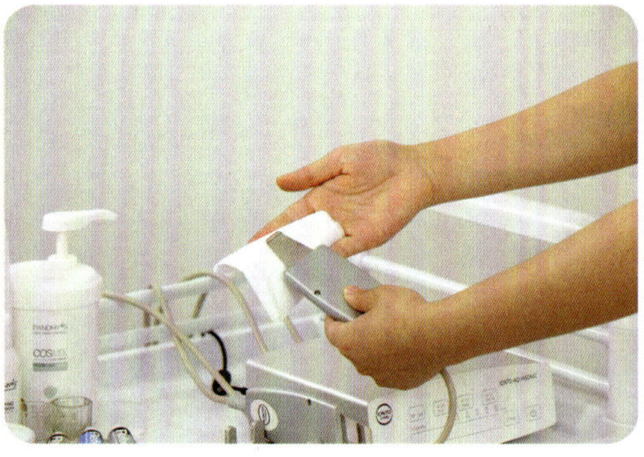

2 仪器消毒。美容师清洗或消毒双手，消毒仪器和探头，注意仪器上不能有水滴。

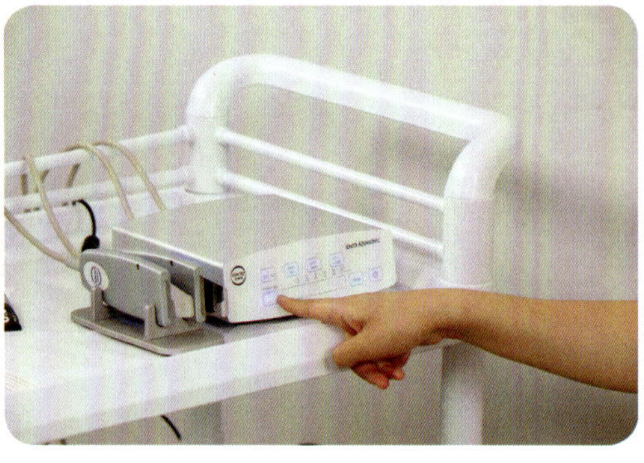

3 仪器检测。打开电源开关，将纯净水放置于超声波探头上，调试强度，确保仪器正常运行后将强度按钮归零，关闭仪器。

①1 in=2.54 cm。

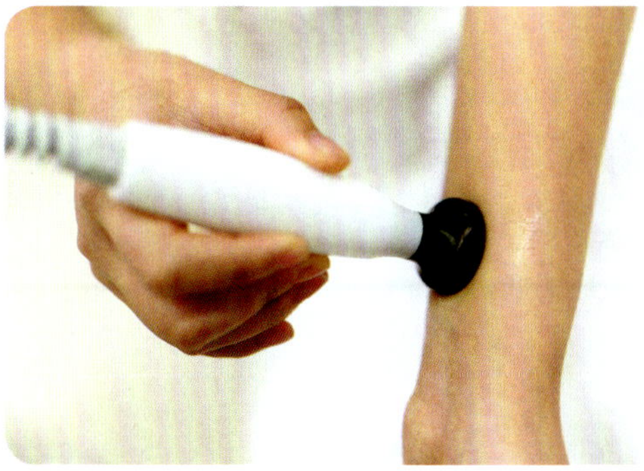

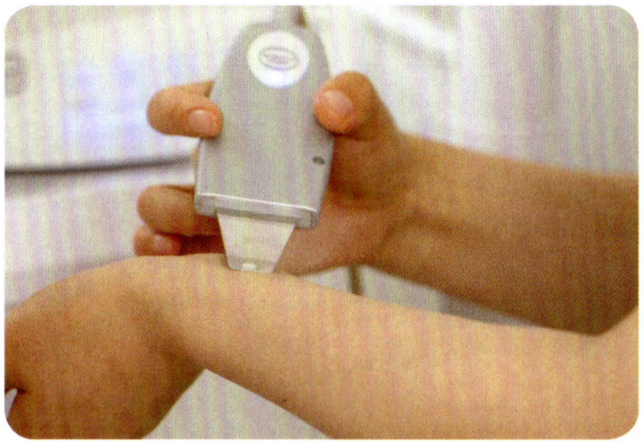

美容师仪器强度测试。美容师在自己小臂内侧涂抹纯净水，持探头匀速推拉或打圈，测试强度，待强度合适后将强度按钮归零，关闭仪器，消毒探头。

注意：具体操作方法按仪器厂家使用说明进行。通常，使用铲皮式超声波仪器时，探头平面正用即导入，反之则是去角质；导入时探头匀速向后拉动，去角质时探头匀速前推。圆形探头一般用作超声波导入，导入时使探头做匀速横向打圈滑动

4 或拉抹即可。

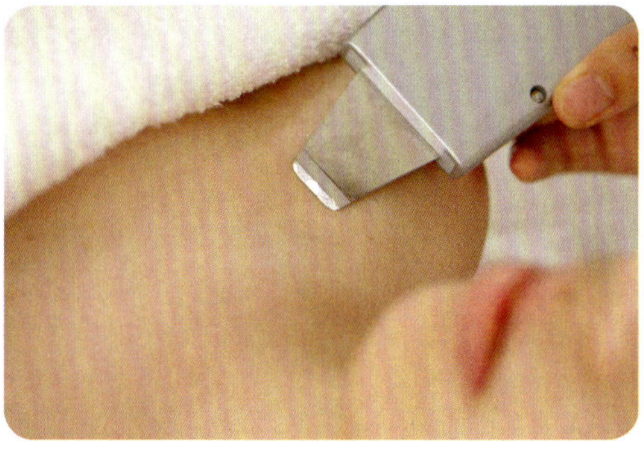

顾客仪器强度测试。在顾客前胸或小臂内侧涂抹纯净水，持探头匀速推拉或打圈，调试强度并询问顾客强度是否合适，

5 待强度合适后将强度按钮归零，关闭仪器。

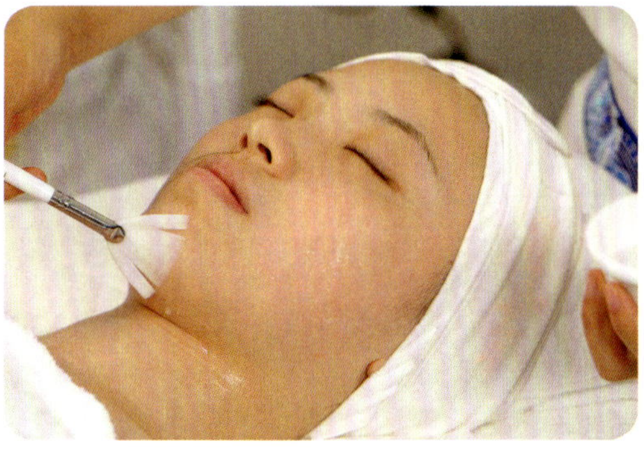

涂抹产品。使用刷子将精华素或纯净

6 水均匀地涂抹于面部。

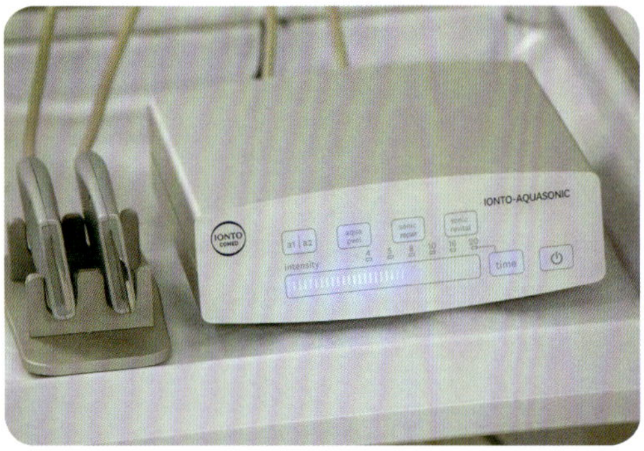

7 强度与时间。将强度调至测试值范围，根据顾客皮肤需要设定时间，一般为 3～5 min。

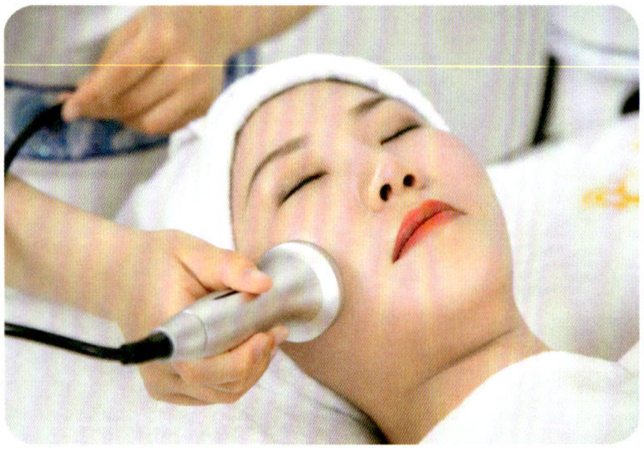

8 超声波导入。可将面部分为左右两侧进行操作，以横向打圈（圆形探头）或者拉抹（圆形或刀片式探头）的手法操作整个面部、颈部。结束时先关闭电源，再结束操作。

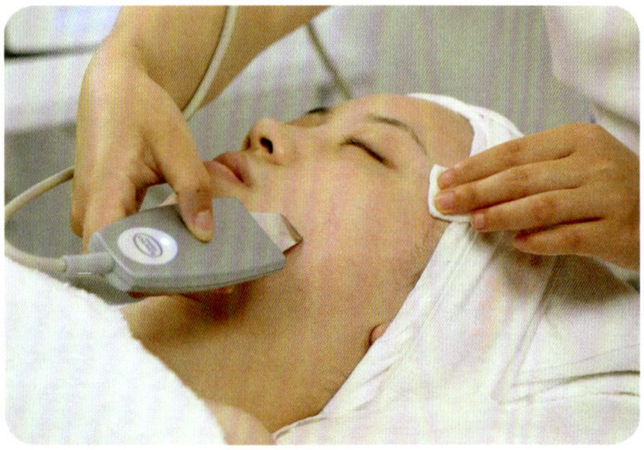

9 超声波去角质。一手持浸有纯净水或保湿爽肤水的棉片绷紧顾客皮肤，一手持超声波仪器，仪器与皮肤成 45°，以横向或向上的方向，依次在面颈部匀速推动进行操作。

10 清洁皮肤（去角质）。用湿棉片清洁面部皮肤，使皮肤干净无残留污垢。

11 清洁消毒仪器。关闭电源，拔出电源线，清洁探头，消毒并整理仪器及配件。

超声波美容仪评分表

评分项	最高分	子标准评分项描述	次数及评分					
M1	1	准备工作：工作区域产品、工具准备齐全，摆放整齐。						
M2	1	仪器准备：电线插头插入正确的插孔，使用前后均进行消毒并清洁探头。						
M3	1	测试仪器：按照正确的顺序测试仪器、调试强度。						
M4	2	顾客沟通：操作前告知顾客仪器操作时会有轻微的温热和震动感，仪器测试及调节强度时询问顾客强度是否合适。						
M5	1	结束工作：清洁顾客面部皮肤残余产品，消毒并整理好仪器及其配件。						
J1	2	仪器操作：根据顾客皮肤状况及需求设定时间，操作方向正确，动作平稳、熟练、流畅，力度适中，美容师一直对电线进行掌控。						
		等级配分：0 分；1 分；1.5 分；2 分。						
J2	2	操作仪态：仪态自然，头和身体不过度弯曲。						
		等级配分：0 分；1 分；1.5 分；2 分。						
合计	10	得分：						

Notes

第二节　高频率美容仪

实操内容

一、高频率美容仪（直接式）

观看高频率美容仪（直接式）的操作视频请用微信扫下方二维码。

物品准备

1. 高频率美容仪及配件
2. 纸巾
3. 纱布、橡皮筋
4. 面膜刷
5. 4 in×4 in 干棉片若干

产品准备

1. 消毒喷雾
2. 抗菌手部啫喱等

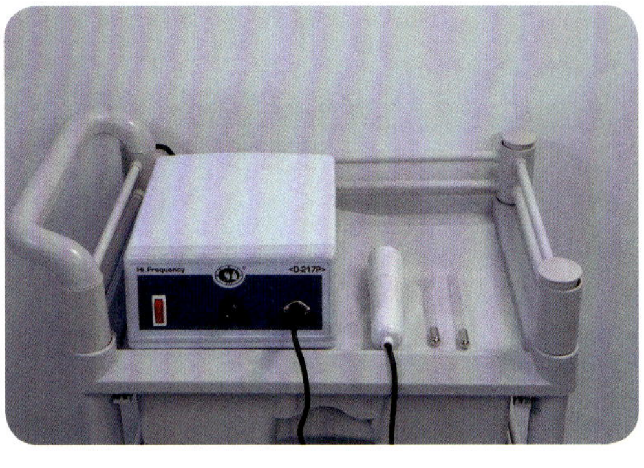

1 仪器及物品准备。消毒仪器，从消毒柜中取出勺形玻璃电极棒，准备尺寸合适的纱布、橡皮筋。

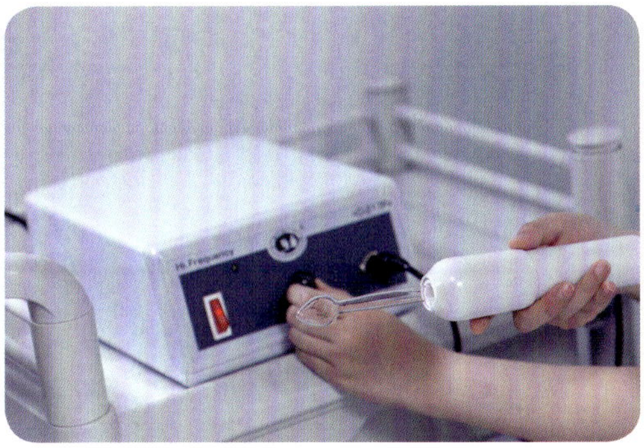

2 仪器检测。将玻璃电极插进绝缘手柄，连接到仪器上，开机检查仪器是否能正常运行。

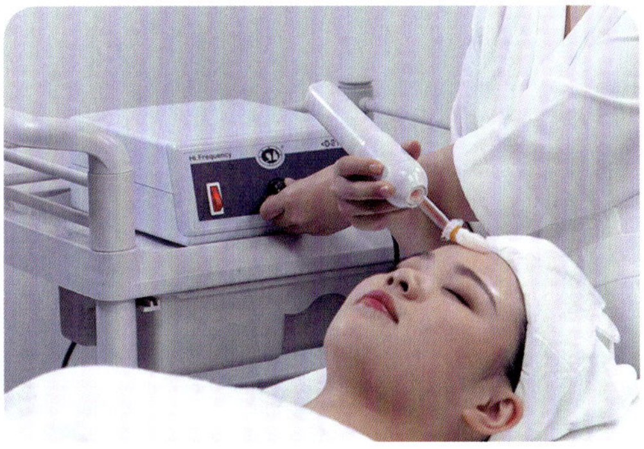

3 仪器开机。可在顾客面部盖上纱布，告知其注意事项后再进行操作。美容师一只手拿着绝缘手柄将玻璃电极放在顾客额头来回推动，另一只手开机，调整能量直至顾客适应。

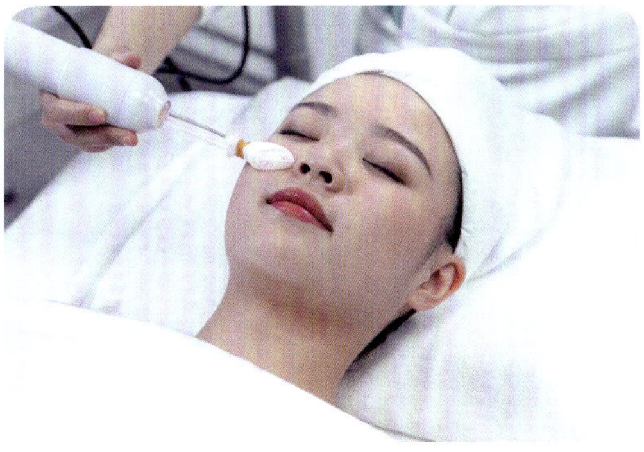

4 仪器操作。可从前额开始滑向鼻子、脸颊、下巴，在整个面部以小幅度打圈或Z字形匀速平缓地操作3～5 min，注意玻璃电极不能横跨顾客眼部。

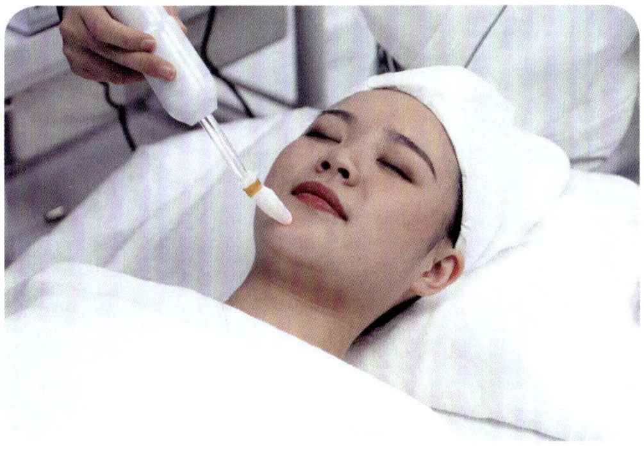

5 火花式操作。手柄直立，在有丘疹或挤过痤疮的部位使用玻璃电极棒的前端，间断性地轻轻点按操作。可按压2～3 s，释放约1 s，重复几次。依每个部位的面积大小和丘疹的严重程度可操作10～20 s。注意电极离开皮肤的距离为3～7 mm，以能看见电极和皮肤之间出现轻微火花为宜。

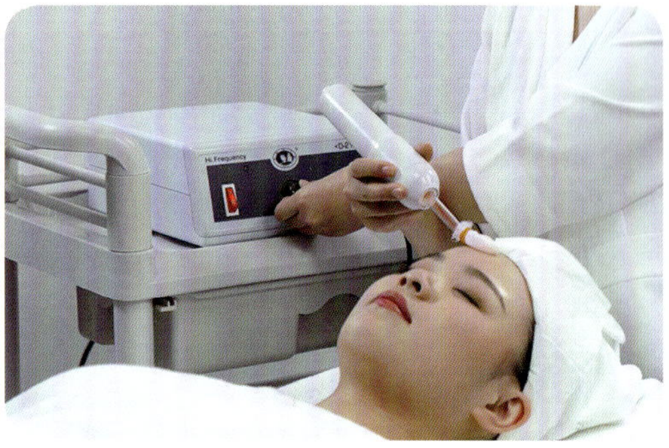

6 仪器关机。将玻璃电极推回到额头，一边移动电极一边将能量调至零后再关机。

7 消毒整理。从仪器上拔下绝缘手柄，消毒并整理仪器。

二、高频率美容仪（间接式）

观看高频率美容仪（间接式）的操作视频请用微信扫下方二维码。

物品准备

1. 高频率美容仪及配件
2. 纸巾
3. 4 in×4 in 的干棉片、湿棉片若干

产品准备

1. 消毒喷雾、抗菌手部啫喱等
2. 精华素、护肤霜
3. 爽身粉

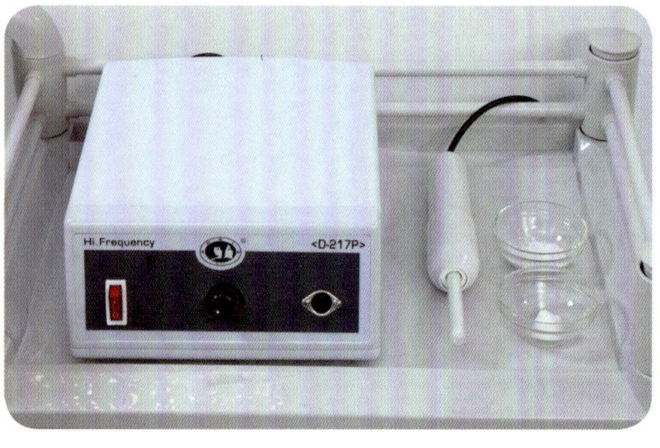

1 仪器及物品准备。美容师准备适量精华素、护肤霜和爽身粉。从消毒柜中取出饱和型玻璃电极棒，将玻璃电极插进绝缘手柄，连接到仪器上，开机并检查仪器。

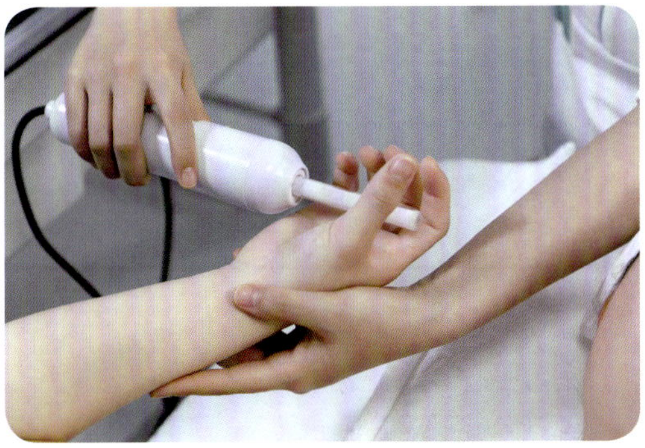

2 顾客准备。用干棉片将爽身粉均匀涂抹于顾客右手掌心，让顾客右手拿玻璃电极棒，左手拿绝缘手柄，横放于远离心脏的腹部等处。

3 涂抹产品。取精华素或护肤霜，涂抹在顾客面部及颈部。

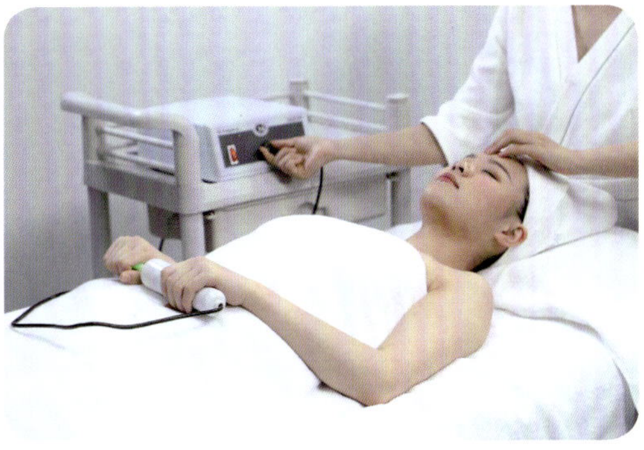

4 仪器开机。将一张纸巾放在仪器台面上，左手掌在顾客额头打圈按抚，右手隔着纸巾打开仪器，调整能量至顾客适应。

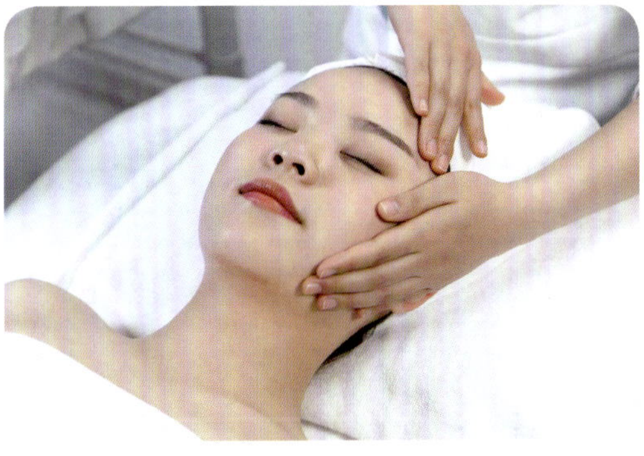

5 仪器操作。以按抚提升的手法在顾客面部和颈部进行按摩，按摩中途双手不可同时离开皮肤，加产品时一手在顾客额头打圈按抚，另一手拿取产品。

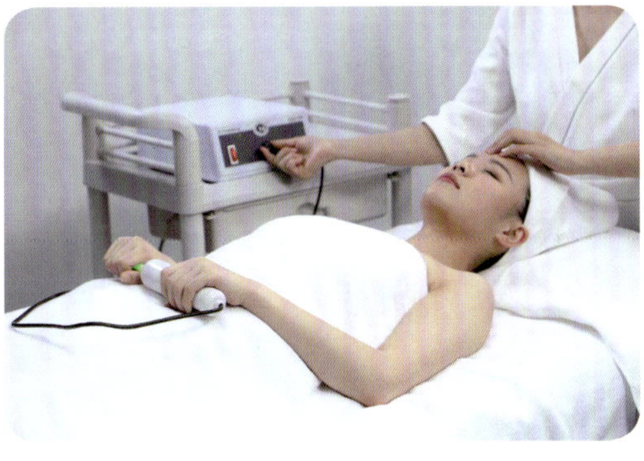

6 仪器关机。按摩结束时双手回到额头，左手打圈，右手将能量调到零后关机。

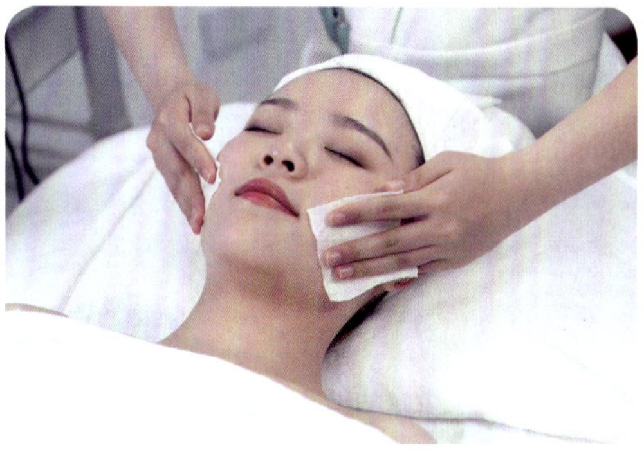

7 擦掉多余产品。用纸巾擦干净双手，用湿棉片擦掉顾客面部及颈部多余的精华素、护肤霜。取回顾客手中的配件，拔下绝缘手柄，取下玻璃电极棒。

8 结束工作。消毒并整理仪器，将玻璃电极放回消毒柜。

高频率美容仪评分表

评分项	最高分	子标准评分项描述	次数及评分					
M1	1	准备工作：仪器、工具摆放整齐，进行仪器的测试及消毒。						
M2	2	开机与关机：开机或关机时，玻璃电极（直接式）或美容师的手（间接式）一定要放在顾客额头。						
M3	2	顾客的沟通：直接式操作前告知顾客仪器操作时会有“吱吱”的声音，皮肤会有轻微针刺的感觉，并叮嘱顾客全程闭上眼睛；间接式操作时要请顾客全程紧握手中的玻璃电极棒；在仪器测试及调节强度时询问顾客强度是否合适。						
M4	1	结束工作：清洁顾客皮肤（直接式）或擦掉多余产品（间接式）。消毒并整理好仪器及其配件。						
J1	2	仪器操作：电流强度适中，符合顾客皮肤需要。直接式操作时玻璃电极要紧贴皮肤，操作匀速平缓、流畅、无停顿；火花式操作时略见轻微的火花。间接式操作时双手不离开皮肤。美容师一直对手柄连接线进行掌控。						
		等级配分：0 分；1 分；1.5 分；2 分。						
J2	2	操作仪态：仪态自然，头和身体不过度弯曲。						
		等级配分：0 分；1 分；1.5 分；2 分。						
合计	10	得分：						

Notes

第三节　真空吸杯淋巴引流仪

实操内容

观看真空吸杯淋巴引流仪的操作视频请用微信扫下方二维码。

物品准备

1. 真空吸杯、淋巴引流仪及配件
2. 玻璃碗
3. 纸巾、干棉片

产品准备

1. 消毒喷雾、抗菌手部啫喱等
2. 按摩膏

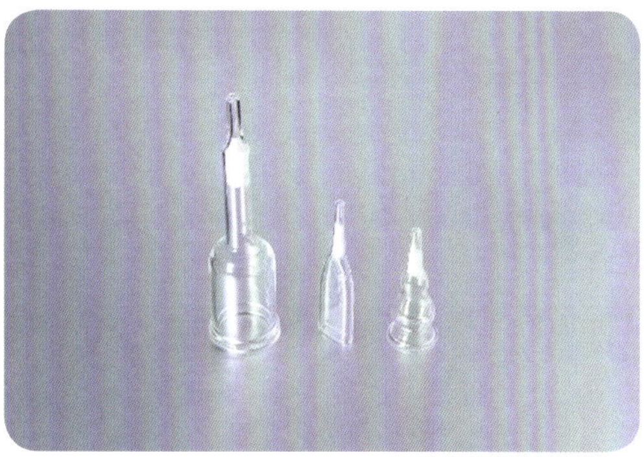

1 仪器及物品准备。美容师准备按摩膏及玻璃吸杯，检查杯口有无破损，在大、中、小三个吸杯里塞入小块干棉花，消毒仪器，装上大号吸杯。

2 涂抹按摩膏。在顾客面部及颈部涂抹按摩膏，用纸巾擦净双手。

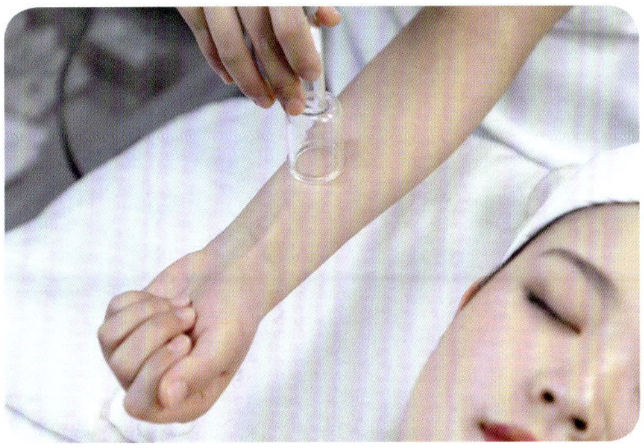

3 仪器自测。美容师消毒自己小臂内侧皮肤，开机，调节吸力，在消毒部位稍用力平缓推动吸杯，测试吸力大小。

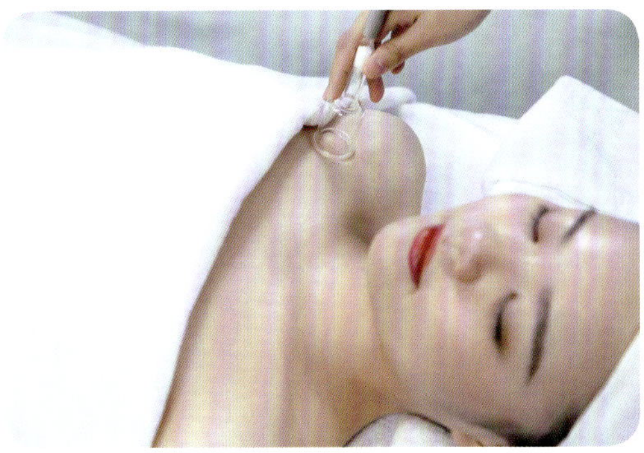

4 顾客测试。在顾客肩部及近腋窝处测试吸力大小。

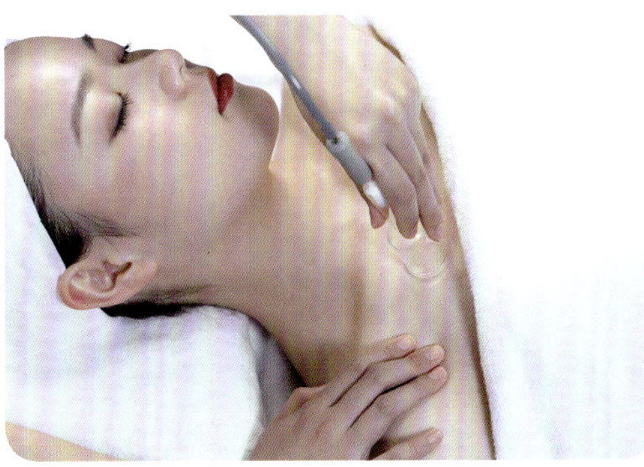

5 前胸处引流。从腋窝处引流至胸腺淋巴结，先做右侧再换手做左侧。一只手绷紧皮肤，另一只手拿住吸杯，使杯口与皮肤保持在一个平面，力度均匀，以每秒4 cm的速度缓慢移动。

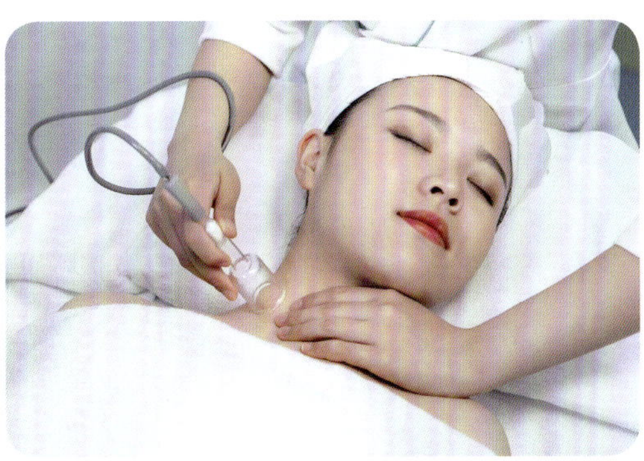

6 颈部引流。从颈部喉管旁引流至颈侧淋巴结。

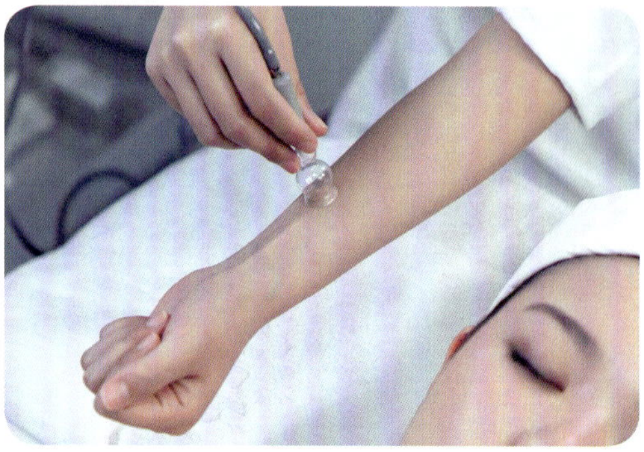

7 下颌处引流

7-1 更换吸杯。将吸力调至零后关机，换成中杯，在自己手臂内侧测试吸力。

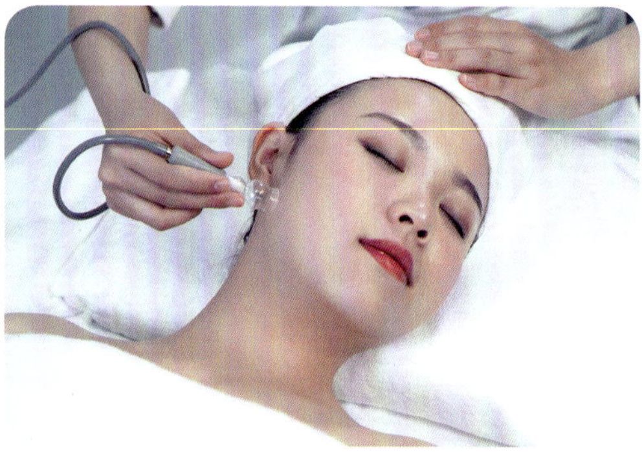

7-2 顾客测试。在顾客脸颊近耳根处测试吸力。

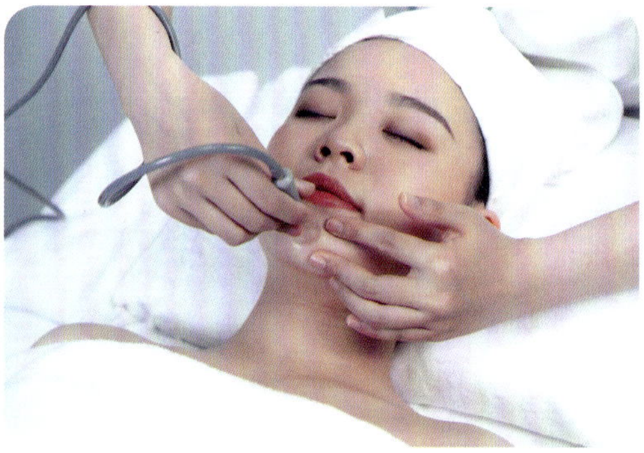

7-3 吸杯从下唇引流至下颌淋巴结。

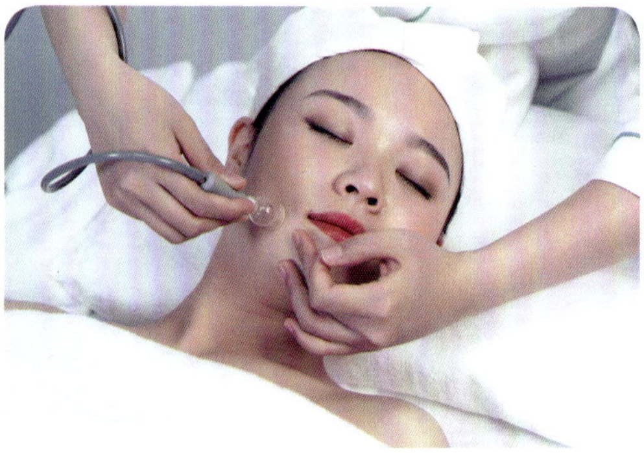

8 面颊处引流

8-1 使用吸杯从嘴角下方引流至耳后，先做右侧再做左侧。

8-2 使用吸杯从颧骨下方引流至耳前，先做右侧再做左侧。

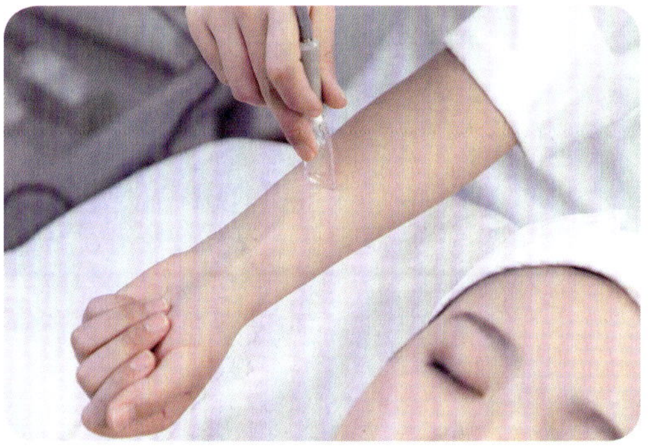

9　颧骨处引流

9-1　更换吸杯。将吸力调至零后关机，换成小杯，美容师在自己手臂内侧测试吸力。

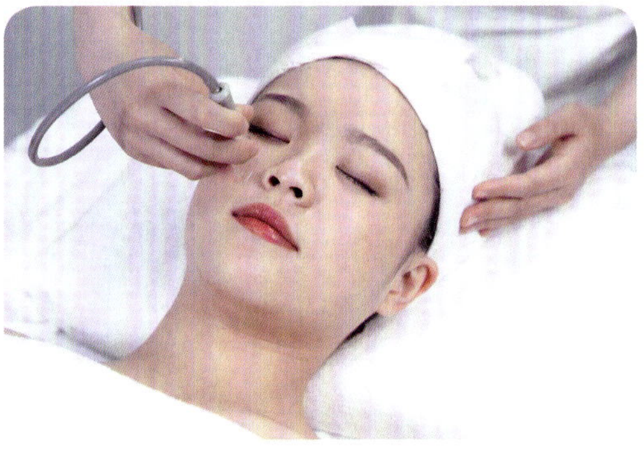

9-2　顾客测试。在顾客鼻侧测试吸力。

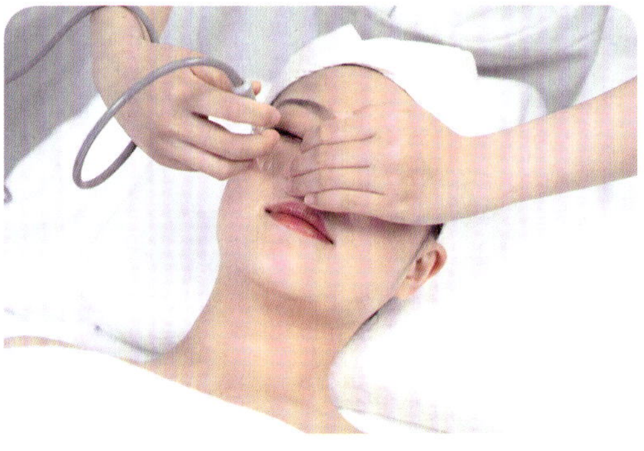

9-3　使用吸杯从鼻侧引流至颊淋巴结，先做右侧再做左侧。

9-4　更换吸杯。将吸力调至零后关机，换成中杯，美容师在自己手臂内侧测试吸力。

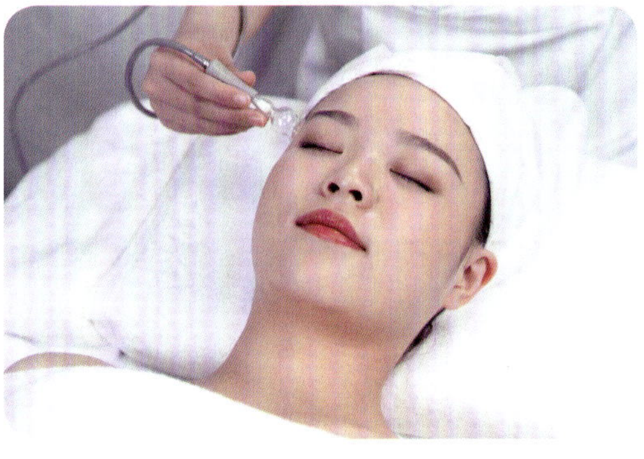

9-5　顾客测试。在顾客太阳穴处测试吸力。

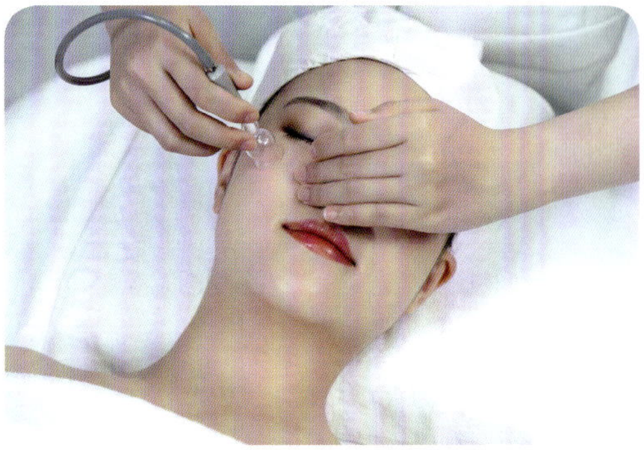

9-6 使用吸杯从颊淋巴结引流至太阳穴，先做右侧再做左侧。

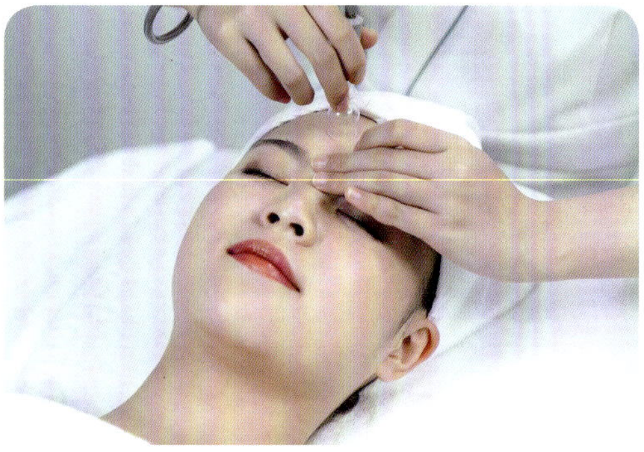

10 额部引流

10-1 使用吸杯从眉间引流至发际线。

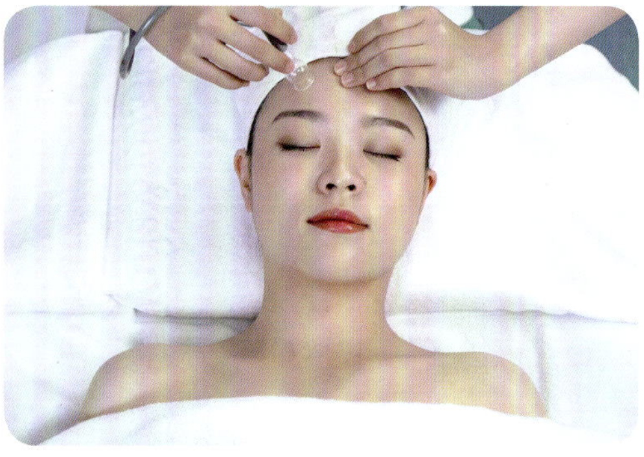

10-2 使用吸杯从额中引流至太阳穴，先做右侧再做左侧。

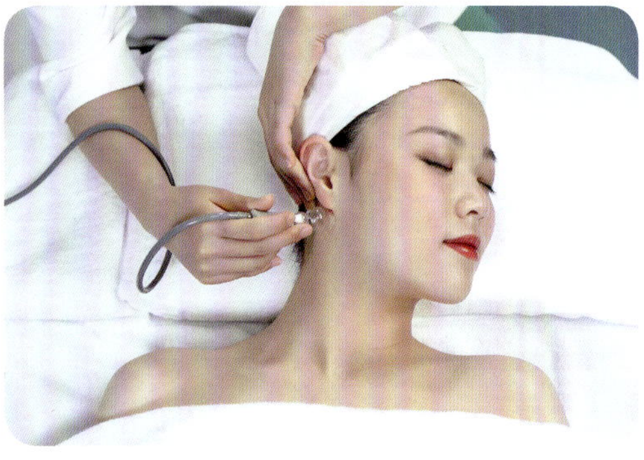

11 淋巴结引流。使用吸杯从额中沿发际线引流至耳前、耳后、颈侧、锁骨窝、胸腺，先做右侧再做左侧。

12 结束工作。将吸力调至零后关机，消毒仪器，整理电线。取出吸杯里的棉花，将吸杯放入温水中用洗涤剂清洁，擦干后放入消毒柜。

真空吸杯淋巴引流仪评分表

评分项	最高分	子标准评分项描述	次数及评分					
M1	1	准备工作：仪器、工具摆放整齐，进行仪器的测试及消毒。						
M2	1	开机与关机：开机及关机方法正确，每次更换吸杯都进行吸力测试。						
M3	1	顾客沟通：操作前告知顾客仪器操作时会有皮肤被吸起的感觉，仪器测试及调节强度时询问顾客强度是否合适。						
M4	1	结束工作：清洁顾客皮肤，消毒并整理好仪器及其配件。						
J1	3	仪器操作：吸杯吸力大小符合要求，操作熟练流畅，淋巴引流的方向及路线准确，速度均匀缓慢。美容师一直对吸杯连接管进行掌控。						
		等级配分：0 分；1 分；2 分；3 分。						
J2	3	操作仪态：仪态自然，头和身体不过度弯曲。						
		等级配分：0 分；1 分；2 分；3 分。						
合计	10	得分：						

Notes

第四节　阴阳电离子仪

实操内容

物品准备

1. 阴阳电离子仪及配件
2. 玻璃碗
3. 纸巾
4. 4 in×4 in 的干棉片、湿棉片
5. 面膜刷
6. 细棉线

产品准备

1. 消毒喷雾、抗菌手部啫喱等
2. 生理盐水
3. 纯净水

一、阴阳电离子仪（去垢法）

观看阴阳电离子仪（去垢法）的操作视频请用微信扫下方二维码。

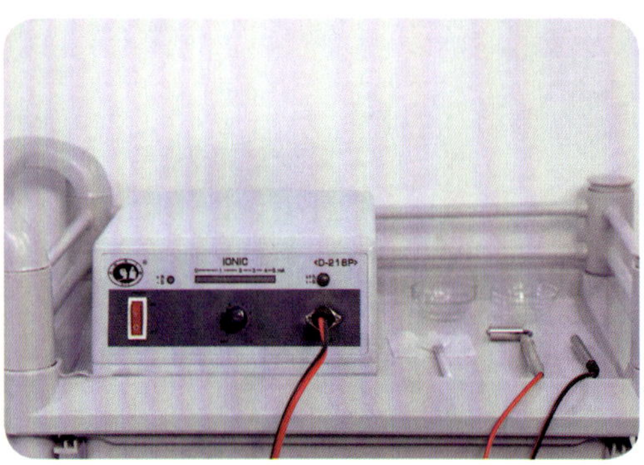

1 仪器及物品准备。美容师准备仪器和产品，分别取 3 mL 生理盐水和 3 mL 纯净水于玻璃碗中。

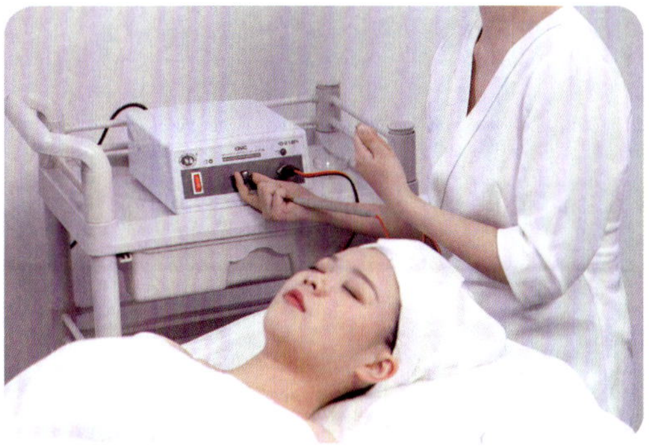

2 仪器测试。一只手握导药钳，另一只手握电极棒，开机检测仪器是否正常运行。

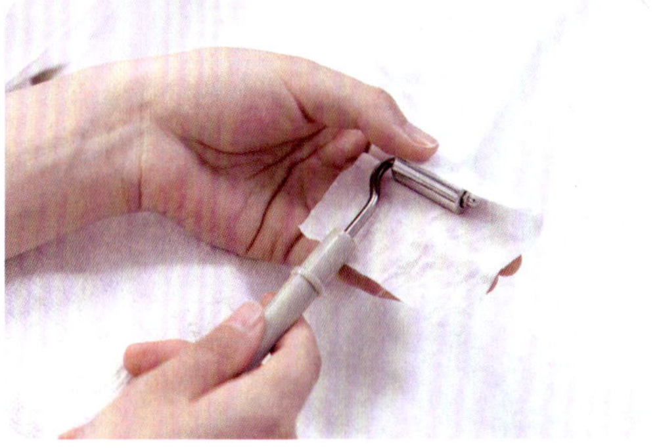

3 导药钳准备。消毒仪器，用薄湿棉片包裹导药钳后用细棉线固定住。

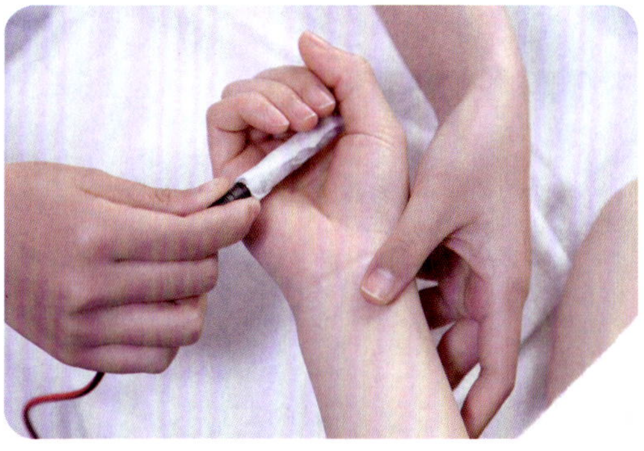

4 电极棒准备。用湿棉片包住整个电极棒，放于顾客右手中。

5 刷生理盐水。取一张纸巾放在顾客左侧床头，用面膜刷将适量生理盐水刷于顾客面部，将盛盐水的小碗和刷子放于床头的纸巾上以方便操作。

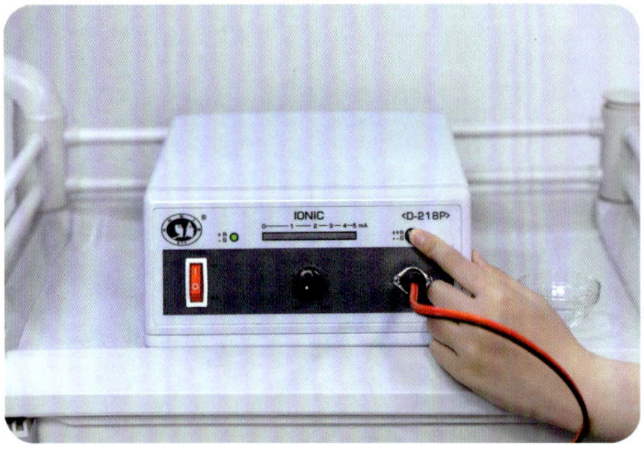

6　调仪器。将仪器调到负极工作状态。

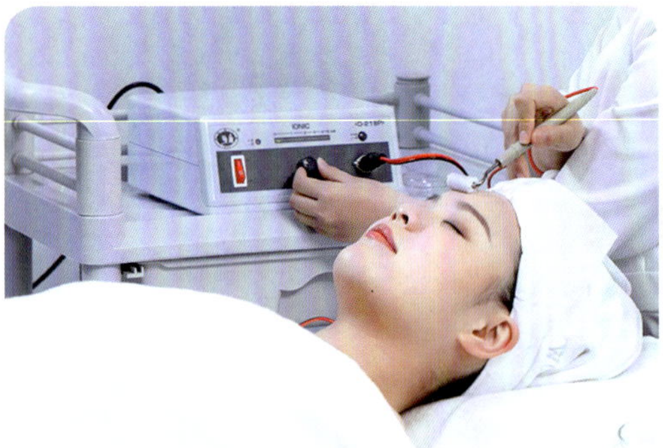

7　仪器开机。与顾客沟通仪器操作时的注意事项后再进行操作。美容师的右手拿着导药钳在顾客的额头来回推动，左手开机，慢慢加大能量至顾客适应。

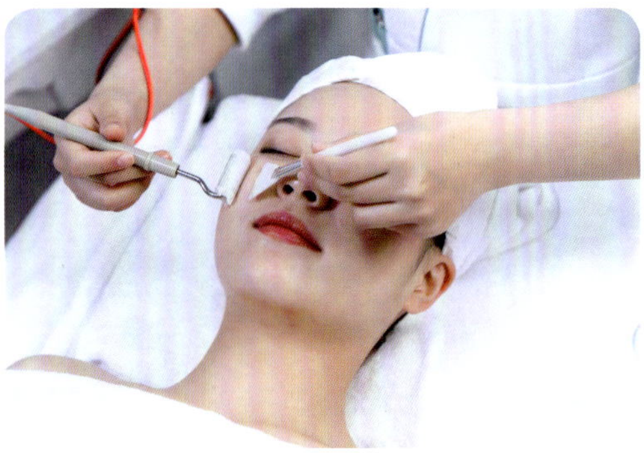

8　仪器操作。在整个面部匀速平缓地操作，操作时使皮肤始终保持湿润，负极操作 6 min。

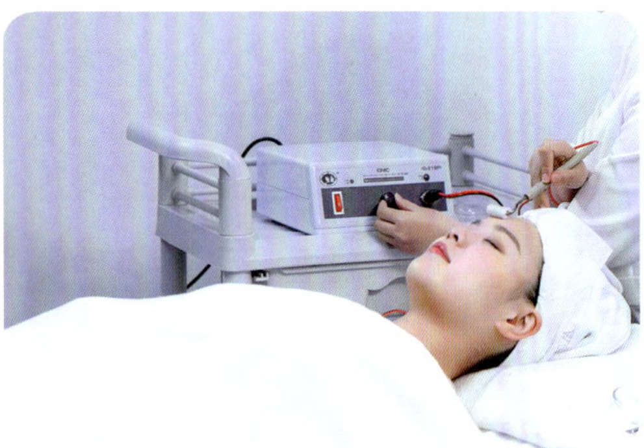

9　仪器关机。将导药钳推回到额头，一边推动，一边将能量调至零后关机。

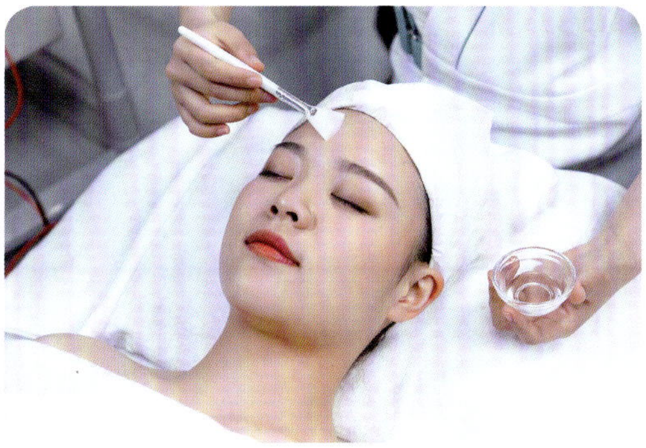

10 刷纯净水。取下导药钳的棉片，将导药钳擦拭干净放回推车上，用湿棉片擦拭顾客面部皮肤，将生理盐水换成纯净水，换一把干净的面膜刷，在顾客面部刷纯净水以中和碱性反应，平衡皮肤 pH 值。

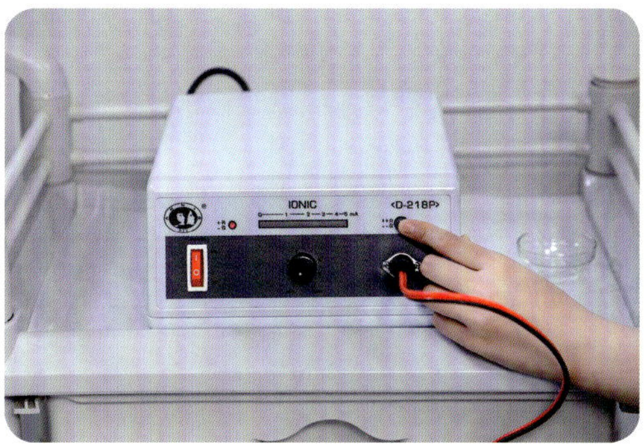

11 调电极。将电流调至正极。

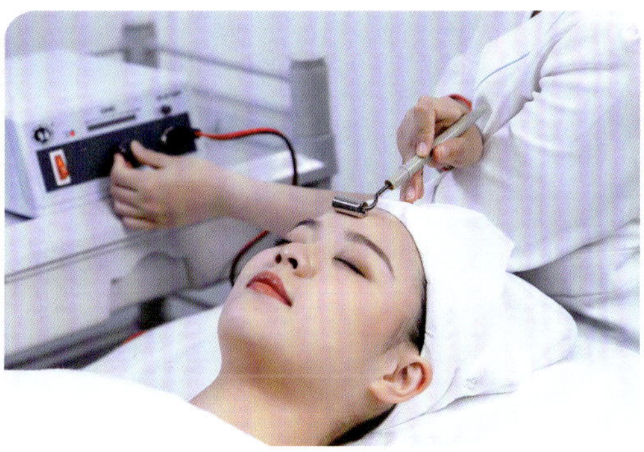

12 仪器操作。将导药钳放于额头，开机进行操作，操作方法及关机方法同前。正极操作 2 min。

13 消毒整理。取回顾客手中的电极棒，消毒仪器，整理电线。

二、阴阳电离子仪（渗透法）

观看阴阳电离子仪（渗透法）的操作视频请用微信扫下方二维码。

物品准备

1. 阴阳电离子仪及配件
2. 玻璃碗
3. 纸巾
4. 4 in×4 in 的干棉片、湿棉片
5. 面膜刷

产品准备

1. 消毒喷雾、抗菌手部啫喱等
2. 精华素

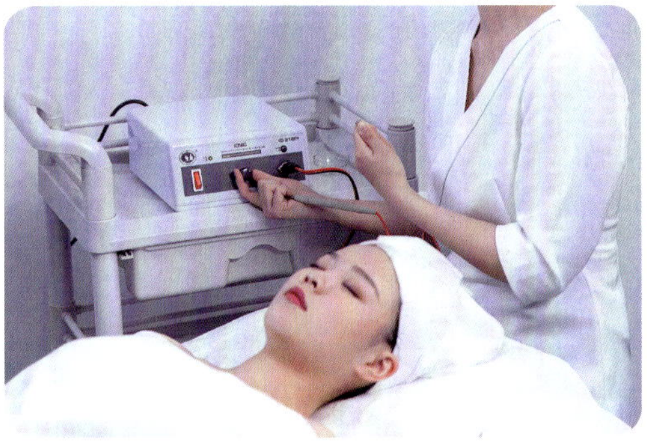

1 仪器测试。美容师准备 3 mL 水性精华素，一只手握导药钳，另一只手握电极棒，开机检测仪器。消毒仪器，将导药钳放在干净的纸巾上。

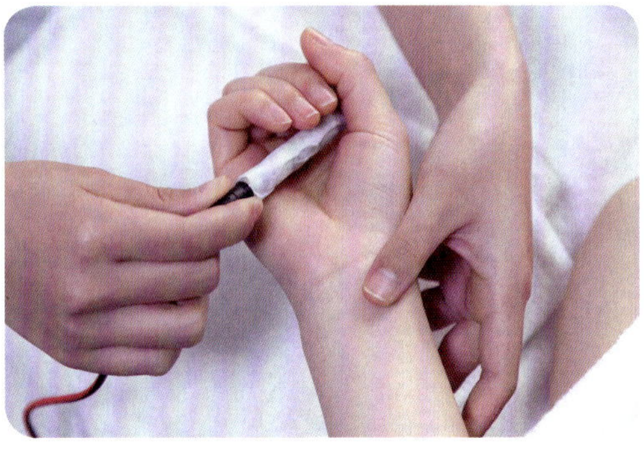

2 电极棒准备。用湿棉片包住整个电极棒，放于顾客右手中。

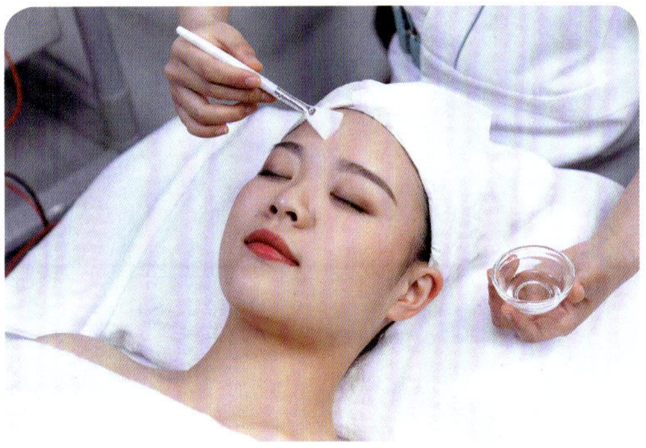

3 刷精华素。将一张纸巾放在左侧床头，用面膜刷将精华素刷于顾客面部，将装精华素的小碗和刷子放于床头的纸巾上。

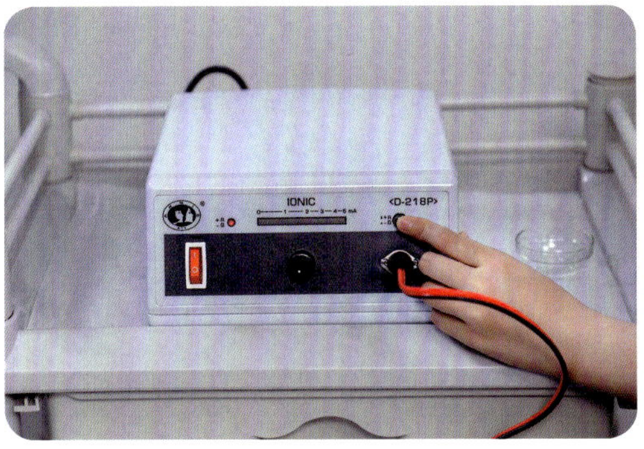

4 调电极。将仪器调到正极工作状态。

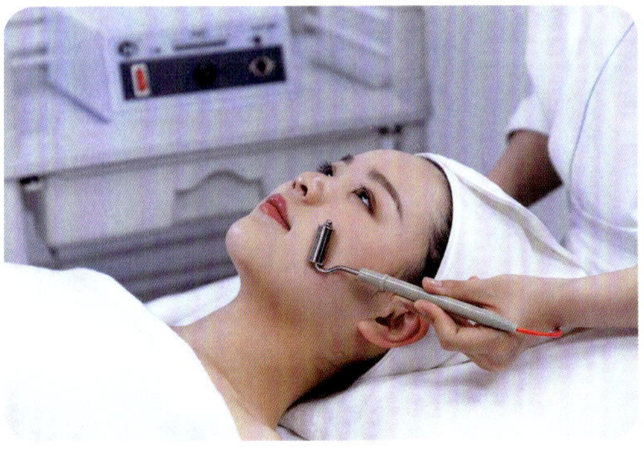

5 开关机及操作方法同去垢法。

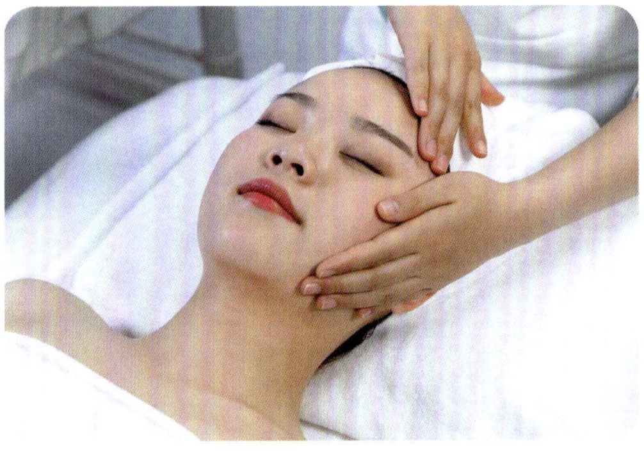

6 按摩。用捏按法将剩余的精华素按摩至吸收。

阴阳电离子仪评分表

评分项	最高分	子标准评分项描述	次数及评分					
M1	1	准备工作：仪器、工具摆放整齐，进行仪器的检测及消毒。						
M2	1	开机与关机：正负极选择正确，开机及关机方法正确。						
M3	1	产品选择：操作仪器时，根据不同的操作方法选择正确产品。						
M4	1	顾客沟通：操作前告知顾客仪器操作时会有轻微针刺的感觉，嘴里有可能会出现铜臭味；测试仪器及调节强度时询问顾客强度是否合适。						
M5	1	结束工作：清洁顾客皮肤，消毒并整理好仪器及其配件。						
J1	3	仪器操作：在操作时导药钳要贴紧皮肤，操作匀速平缓、流畅无停顿，使顾客皮肤始终保持湿润，美容师一直对电极连接线进行掌控。						
		等级配分：0 分；1 分；2 分；3 分。						
J2	2	操作仪态：仪态自然，头和身体不过度弯曲。						
		等级配分：0.5 分；1 分；1.5 分；2 分。						
合计	10	得分：						

Notes

第五节　电子肌肉收缩仪——法拉狄

实操内容

观看电子肌肉收缩仪——法拉狄的操作视频请用微信扫下方二维码。

物品准备

1. 法拉狄仪器及配件
2. 湿棉片
3. 面膜刷

产品准备

1. 消毒喷雾、抗菌手部啫喱、浓度为 0.2% 的消毒滴露等
2. 导电啫喱

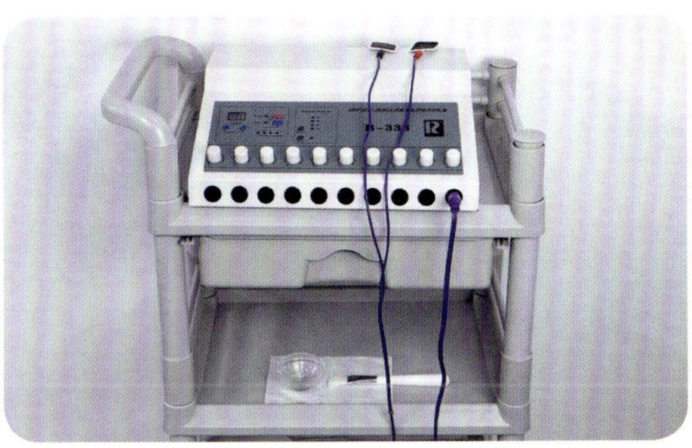

1 仪器及产品准备。美容师准备面膜刷和导电啫喱，清洁消毒仪器，用浓度为 0.2% 的滴露消毒液消毒电极片，检查能量调节旋钮是否处于零位。

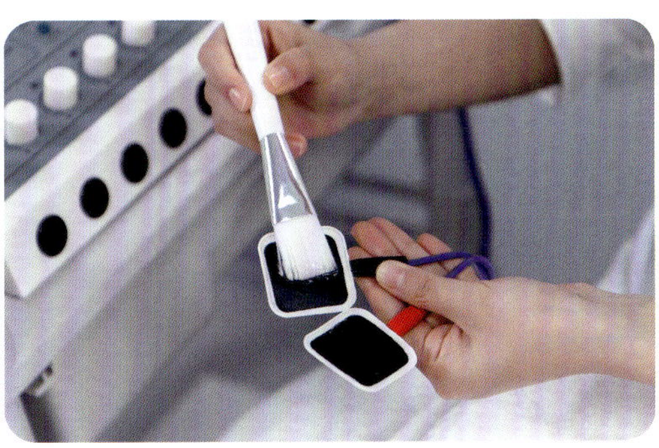

2 仪器开机。开机，选择合适的模式和频率，与顾客沟通操作仪器时的注意事项，将适量的导电啫喱刷在 2 个电极片上。

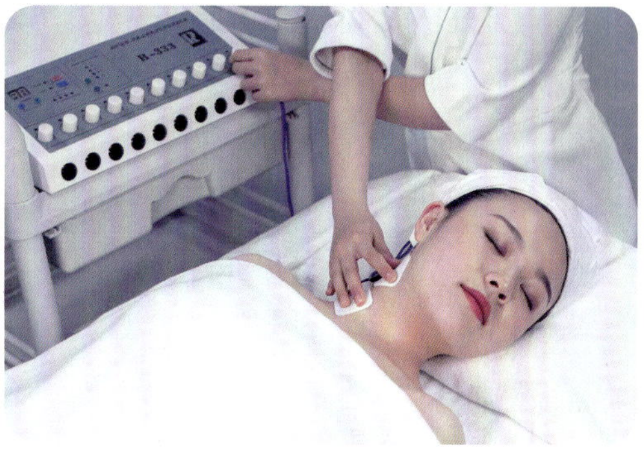

3 颈部操作。将正、负极电极片分别放在右侧颈部肌肉的两端，一只手固定电极片，另一只手慢慢调整能量至肌肉跳动，肌肉跳动 6 次后将能量归零。用同样方法做左侧颈部。

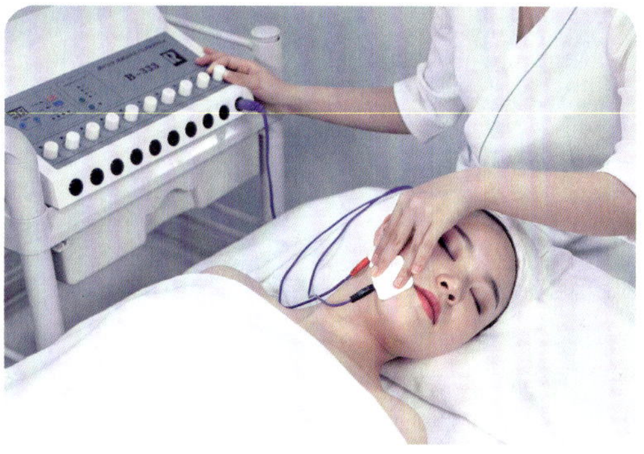

4 口轮匝肌及咬肌操作。在口轮匝肌及咬肌上摆放电极片，操作方法同步骤 3。

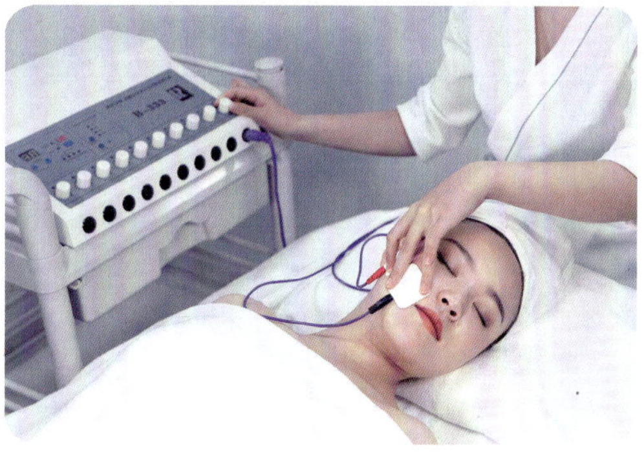

5 提上唇肌及咬肌操作。在提上唇肌及咬肌上摆放电极片，操作方法同步骤 3。

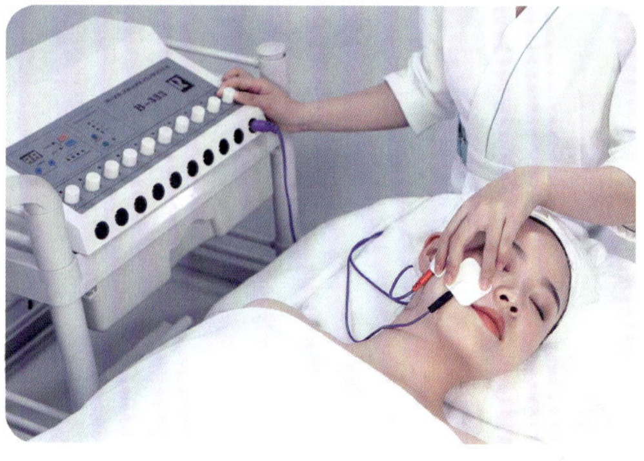

6 颧肌操作。在颧肌上摆放电极片，操作方法同步骤 3。

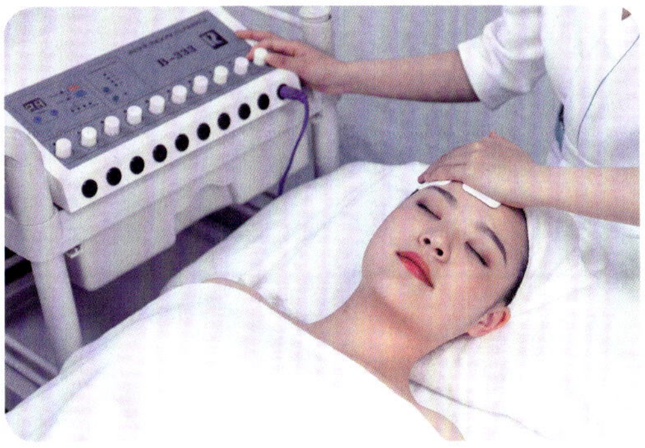

7 额肌操作。在额肌上摆放电极片，操作方法同步骤 3。

8 仪器关机。关机，用湿棉片清洁顾客面部残留的导电啫喱，取下电极片并用清水冲洗，消毒并整理仪器。

电子肌肉收缩仪——法拉狄评分表

评分项	最高分	子标准评分项描述	次数及评分					
M1	1	准备工作：仪器、工具摆放整齐，进行仪器测试及消毒。						
M2	1	开机与关机：仪器参数调节正确，开机及关机时均匀地增加或减少电流强度。						
M3	2	电极片放置：电极片与电线连接紧密，电极片在每组肌肉上的摆放位置正确，没有放在骨骼突起处；电极片没有重叠摆放，电极片下有足够的导电啫喱。						
M4	1	顾客沟通：操作前告知顾客仪器操作时会有轻微针刺的感觉，操作部位的肌肉会产生明显的收缩跳动，操作后肌肉有可能出现轻微酸胀感；操作过程中随时询问顾客肌肉收缩的强度是否合适。						
M5	1	结束工作：清洁顾客皮肤，消毒并整理好仪器及其配件。						
J1	2	仪器操作：设置时间合理，能量调整符合各部位的要求，全程关注肌肉反应并随时调整能量。 等级配分：0.5 分；1 分；1.5 分；2 分。						
J2	2	操作仪态：仪态自然，头和身体不过度弯曲。 等级配分：0.5 分；1 分；1.5 分；2 分。						
合计	10	得分：						

Notes

第二章

身体护理基础仪器

第一节　G5 振脂仪

实操内容

观看 G5 振脂仪的操作视频请用微信扫下方二维码。

物品准备

1. G5 振脂仪及配件
2. 玻璃碗
3. 纸巾
4. 4 in×4 in 的干棉片
5. 保鲜膜

产品准备

1. 消毒喷雾、抗菌手部啫喱、浓度为 0.2% 的滴露消毒液等
2. 爽身粉

1 物品准备。美容师消毒仪器，用滴露消毒液消毒海绵按摩头和半球形按摩头，用保鲜膜包裹按摩头，取适量爽身粉于玻璃碗中。

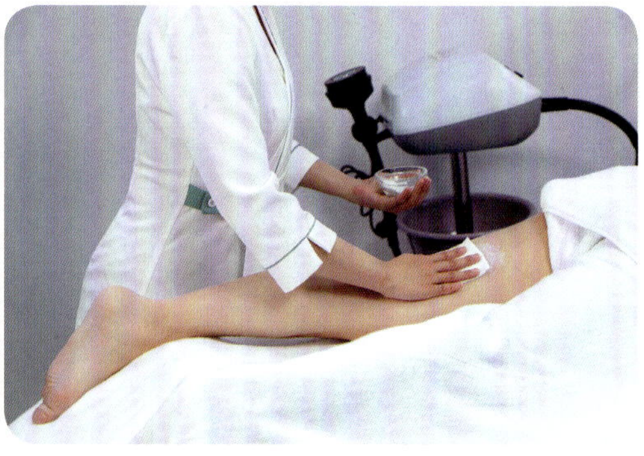

2 顾客准备。顾客俯卧，在其脚腕下垫脚枕，用干棉片在腿部涂抹爽身粉。美容师操作所有身体仪器时身体可前倾，但颈部、背部要保持直立，身体不能过度弯曲。

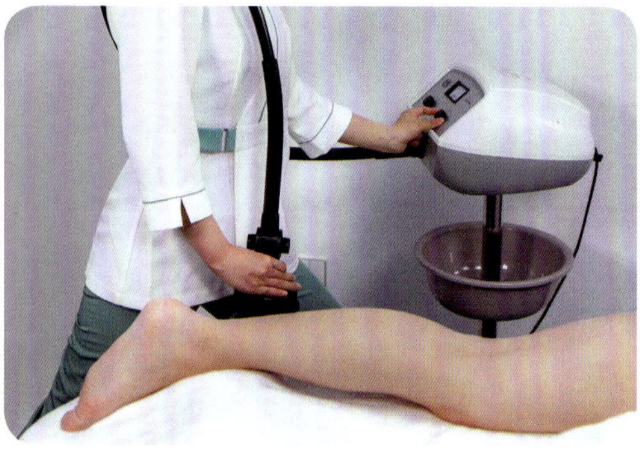

3 仪器开机。开机时注意按摩头不可拿在高于床面的位置以避免按摩头松动飞出伤到顾客，设置时间，打开转速钮并调到合适的强度。

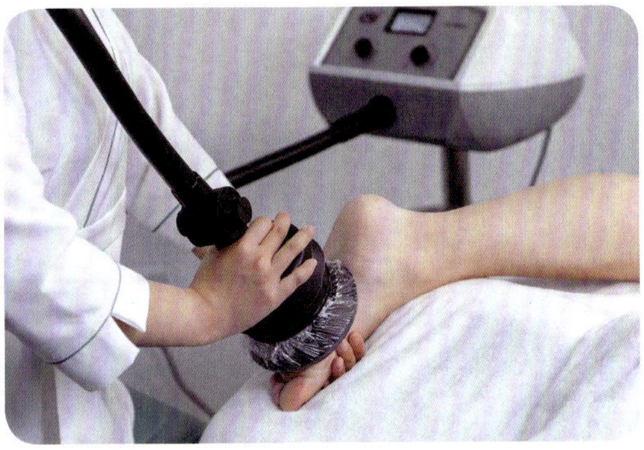

4 测试强度。在顾客脚掌测试强度大小，并询问顾客强度是否合适。

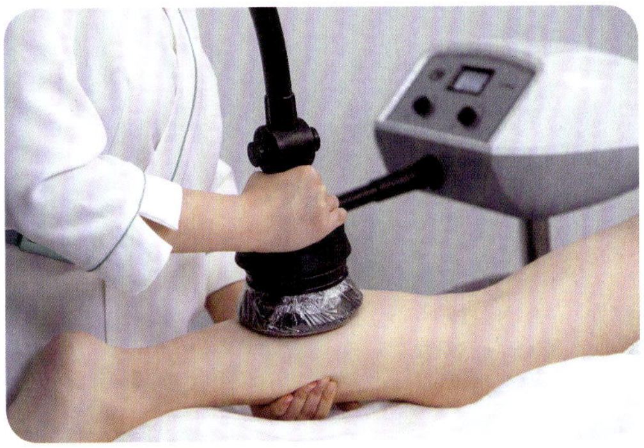

5 按抚法

5-1 小腿操作。美容师用一只手扶持顾客的肌肉，另一只手用按抚法的方式推动按摩头。操作 2 ~ 3 min 后，操作部位的皮肤会微微发红、发热。

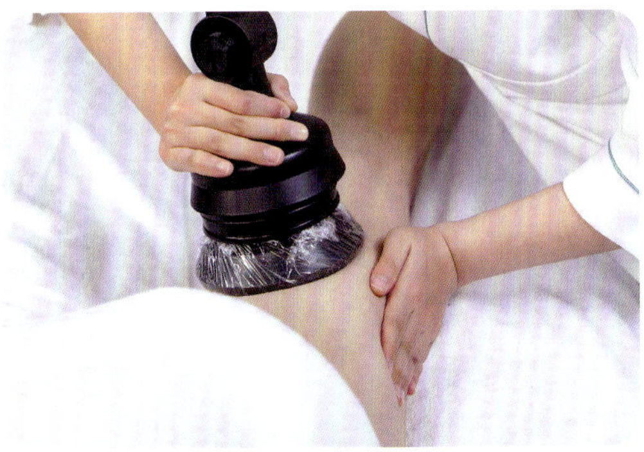

5-2 大腿操作。避开顾客腘窝处，用与小腿同样的方法进行操作。

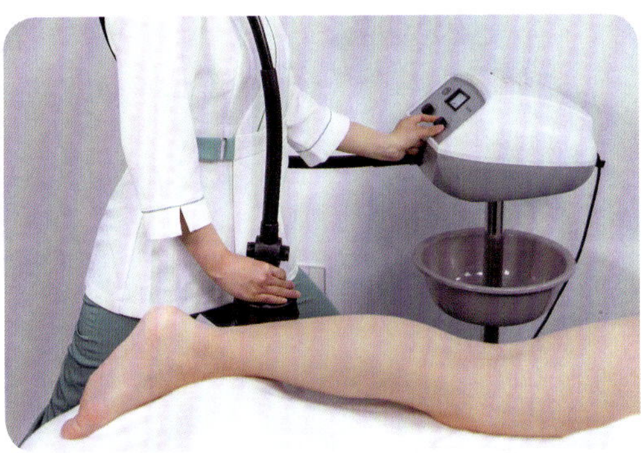

5-3 关机。将按摩头放置在低于床面的位置，将转速归零。

6 揉捏法

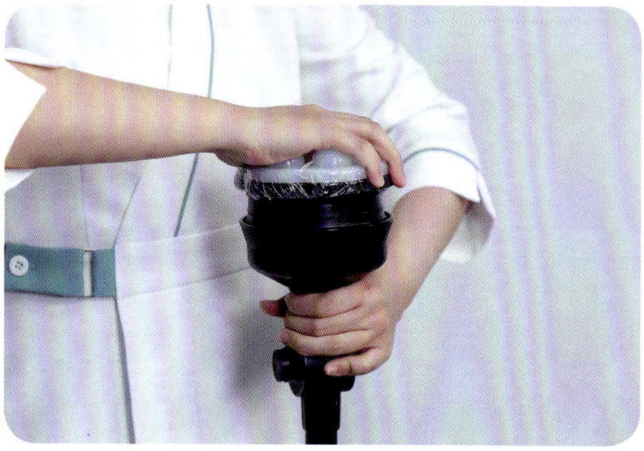

6-1 更换按摩头。美容师取下海绵按摩头，换成半球形按摩头。

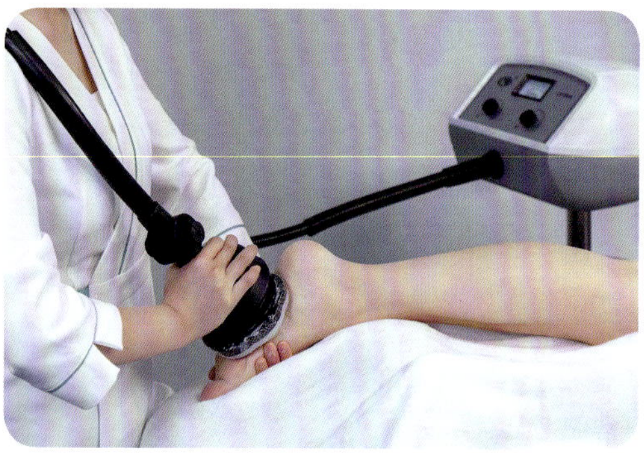

6-2 测试强度。开机，在顾客脚掌测试强度，并询问顾客强度是否合适。

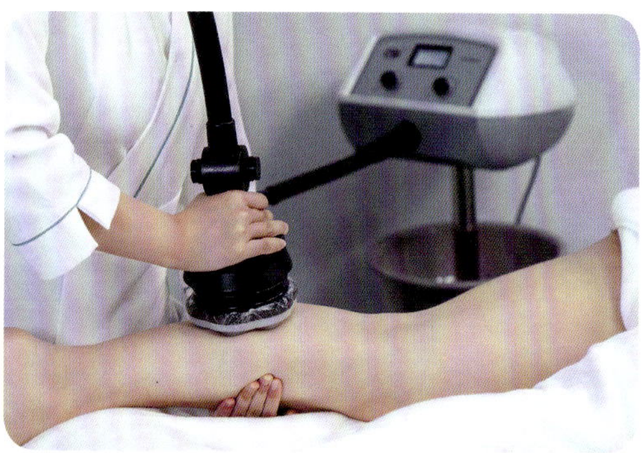

6-3 小腿操作。一只手扶持顾客的肌肉，另一只手推动按摩头在小腿上做按抚法的按摩操作。

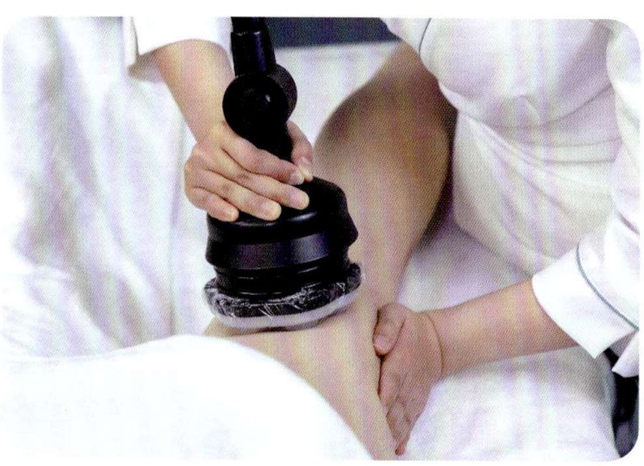

6-4 大腿操作。用按抚法推大腿至大腿根部，再用打圈揉捏法回到腘窝。揉捏法操作 4 ~ 5 min，操作部位的皮肤有较明显的发红、发热现象。

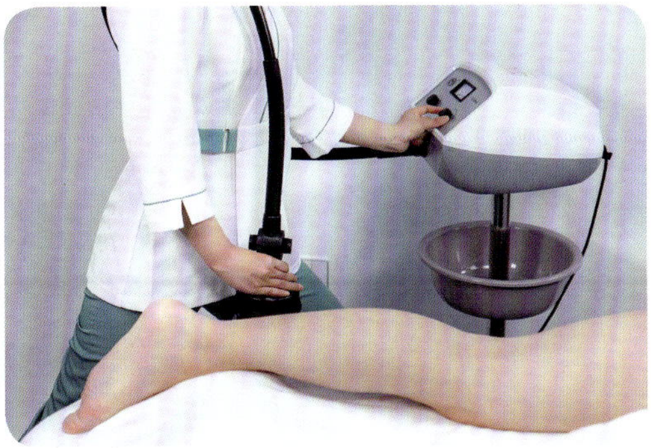

6-5 关机。将按摩头放置在低于床面的位置，将转速归零。

7 按抚法。再次更换成海绵按摩头，使用按抚法操作 2～3 min，操作方法同步骤 5。

8 结束操作。关机后，用干棉片擦拭顾客的皮肤，取下按摩头上的保鲜膜，消毒按摩头和仪器。

G5 振脂仪评分表

评分项	最高分	子标准评分项描述	次数及评分					
M1	1	准备工作：仪器、工具摆放整齐，消毒、测试仪器，确保仪器能正常使用。						
M2	1	开机与关机：开机与关机时按摩头的高度不超过床面，开机后在顾客脚掌测试操作强度。						
M3	1	顾客沟通：操作前告知顾客仪器操作时会有皮肤发热和痒的感觉，仪器测试及调节能量时询问顾客强度是否合适。						
M4	1	结束工作：清洁顾客皮肤，消毒并整理好仪器及其配件。						
J1	2	仪器操作：操作全程注意保持肌肉的稳定性，保持按摩头与按摩部位垂直，操作中注意避开多骨少肉、毛发较多的部位。美容师操作姿态正确。						
		等级配分：0 分；1 分；1.5 分；2 分。						
J2	2	皮肤反应：操作部位的皮肤温度有较明显的升高和皮肤发红，皮肤组织没有明显划痕及瘀青。						
		等级配分：0 分；1 分；1.5 分；2 分。						
J3	2	操作姿态：颈部、背部保持直立，身体没有过度弯曲。						
		等级配分：0 分；1 分；1.5 分；2 分。						
合计	10	得分：						

Notes

第二节　阴阳电离子身体护理仪

实操内容

观看阴阳电离子身体护理仪的操作视频请用微信扫下方二维码。

物品准备

1. 阴阳电离子身体护理仪及配件
2. 圆形棉垫
3. 纸巾
4. 干棉片

产品准备

1. 消毒喷雾、抗菌手部啫喱、浓度为 0.2% 的滴露消毒液等
2. 生理盐水

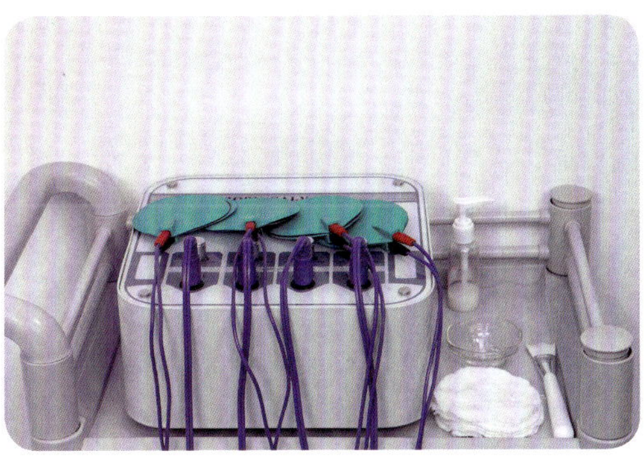

1 仪器及物品准备。美容师从消毒柜中拿出棉垫，用生理盐水浸湿棉垫，消毒仪器，用滴露消毒电极片，选择合适长度的绑带。

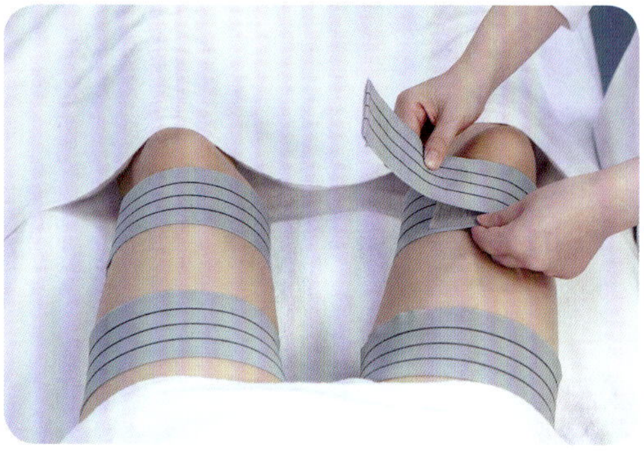

2 顾客准备。将绑带绑在顾客的两条大腿上。

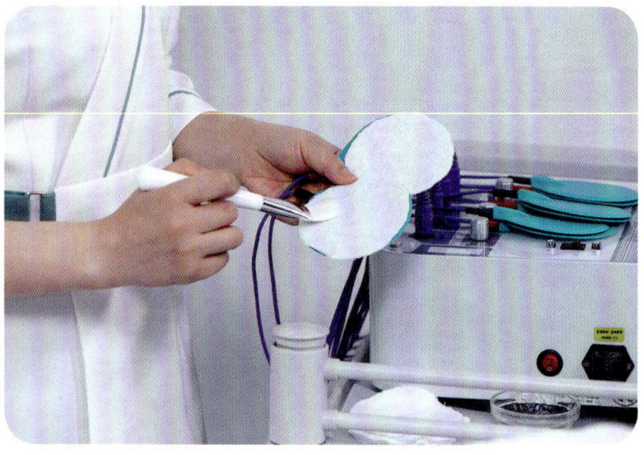

3 电极片准备。将棉垫置于电极片上，在负极的电极片上涂刷带负电荷的水状或啫喱状的产品。

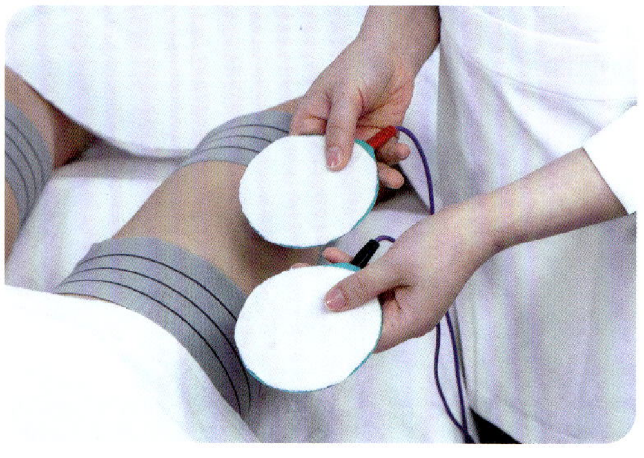

4 放置电极片。将电极片和棉垫一起放在绑带下，注意正负极成对摆放，负极放在脂肪较厚的地方。

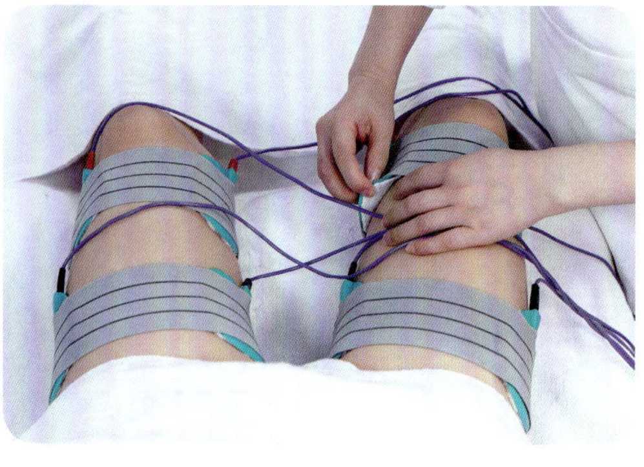

5 检查电极片。检查所有电极片的摆放位置正确、安全。

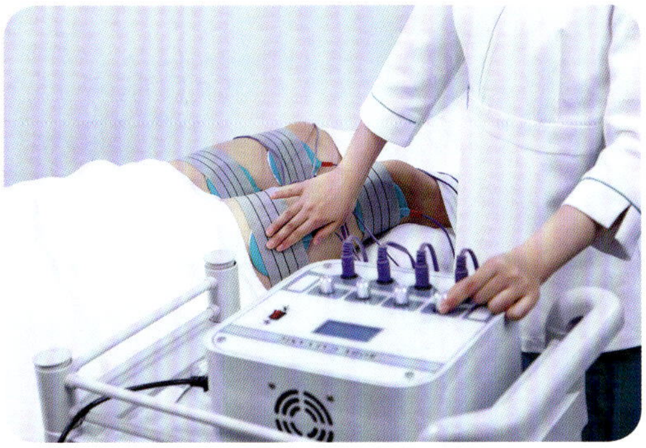

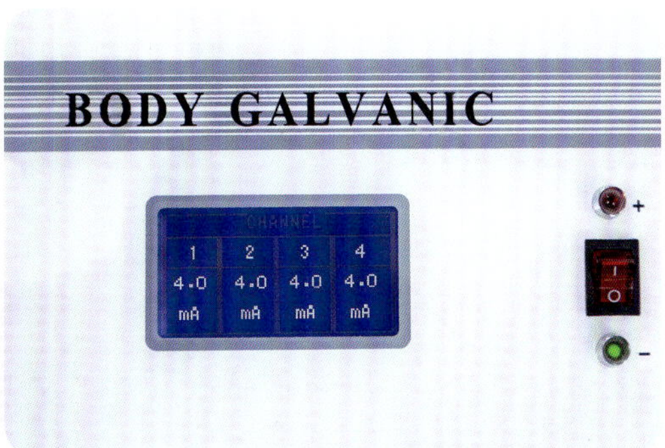

6 负极操作。与顾客沟通操作时的注意事项，检查仪器的能量调节旋钮是否归零；将电极调到负极，开机后均匀地依次加大每对电极片的能量，将电流控制在3～5 mA。

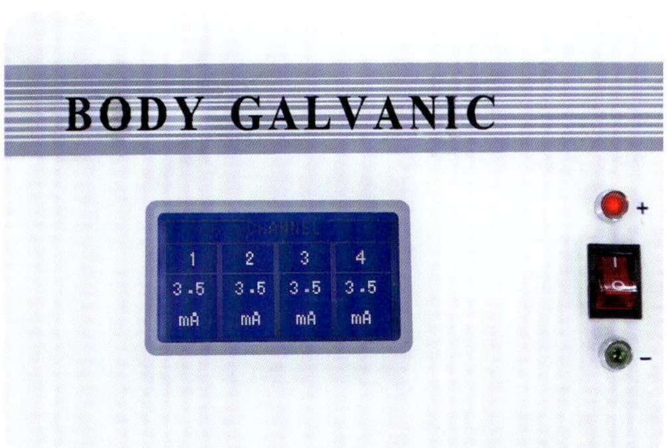

7 转换电极。负极操作 15 min 后，均匀地依次减少每对电极片的电流至零。关机后将电极调到正极，再次开机时将电流调到 3～5 mA。

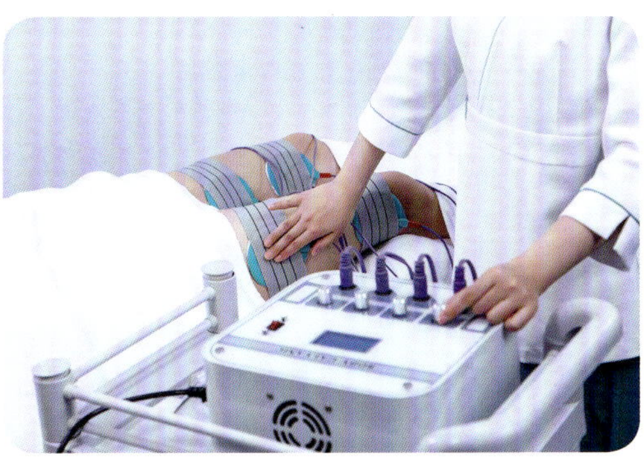

8 正极操作。正极操作 5 min 后，均匀地依次减少每对电极片的电流至零，然后关机。

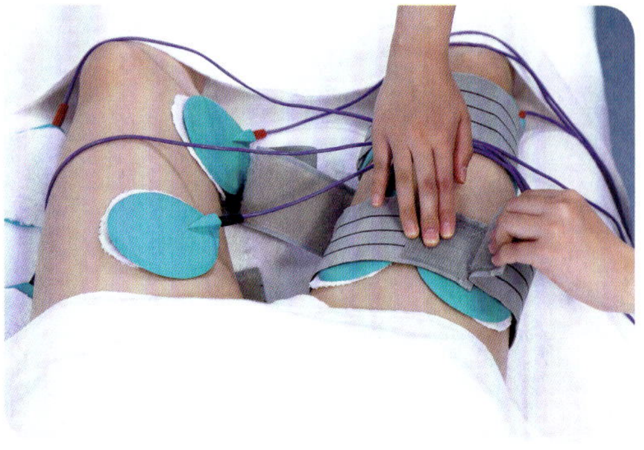

9 收回电极片。打开绑带，有序地取回每对电极片和棉垫。

10 清洁消毒。用干棉片擦拭顾客的皮肤，消毒电极片和仪器，将棉垫用清水冲洗干净后放回消毒柜。

阴阳电离子身体护理仪评分表

评分项	最高分	子标准评分项描述	次数及评分					
M1	1	准备工作：仪器、工具摆放整齐。消毒、测试仪器，确保仪器能正常使用。						
M2	1	开机与关机：仪器正负极选择正确，开机及关机时均匀地增加或减少电流。						
M3	2	操作安全：绑带松紧合适，电极片与电线连接紧密，电极片没有重叠摆放，没有放在骨骼突起处，电极片的导电面没有直接接触皮肤，电极片下的棉垫平整且湿度均匀。						
M4	2	顾客沟通：操作前告知顾客仪器操作时会有轻微针刺和发热感；仪器测试及调节能量时询问顾客强度是否合适；叮嘱顾客在操作过程中有任何不适一定要告知，以免造成皮肤损伤。						
M5	1	结束工作：清洁顾客皮肤，消毒并整理好仪器及其配件。						
J	3	仪器操作：均匀调节每对电极片的能量，能量强度及操作时间符合顾客需求。美容师操作姿态正确。 等级配分：0分；1分；2分；3分。						
合计	10	得分：						

Notes

第三节　真空吸杯淋巴引流仪

实操内容

观看真空吸杯淋巴引流仪的操作视频请用微信扫下方二维码。

物品准备

1. 阴阳电离子仪及配件
2. 玻璃碗
3. 纸巾
4. 干棉片
5. 面膜刷

产品准备

1. 消毒喷雾、抗菌手部啫喱等
2. 按摩油

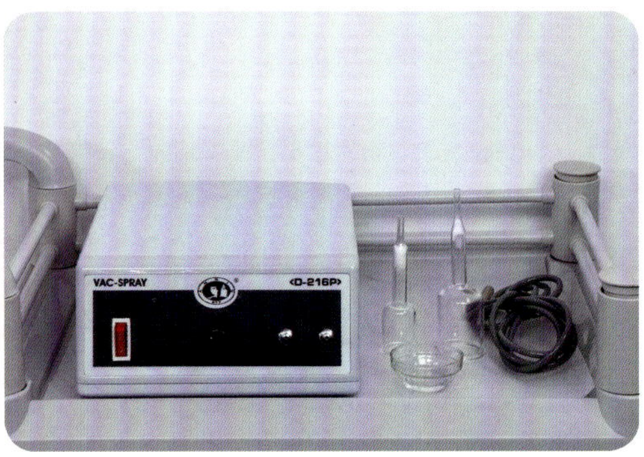

1 仪器及物品准备。美容师准备按摩油及大号、中号玻璃吸杯，检查杯口有无破损，在吸杯里塞小块干棉片，消毒仪器，装上大号吸杯。

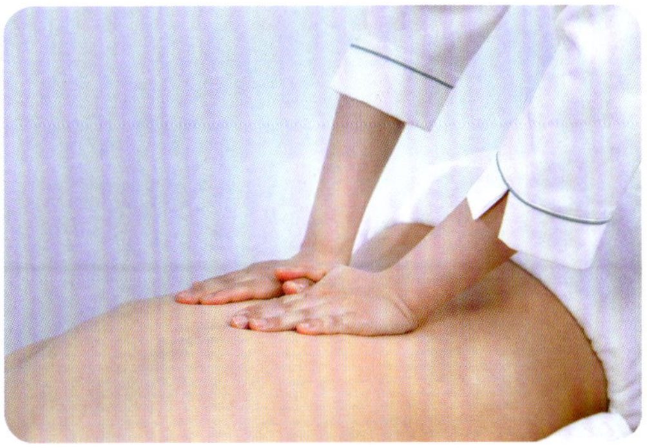

2 顾客准备。取适量按摩油在手心温热后，在顾客背部涂抹按摩油，用纸巾擦干双手。

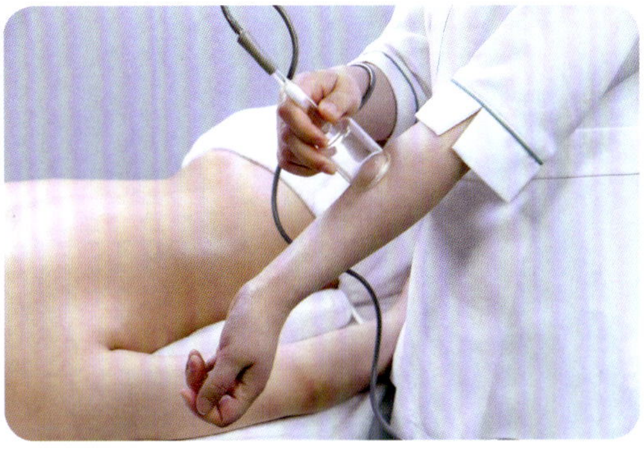

3 仪器自测。美容师用消毒产品消毒小臂内侧皮肤，开机，调节吸力，在消毒部位测试吸力大小。

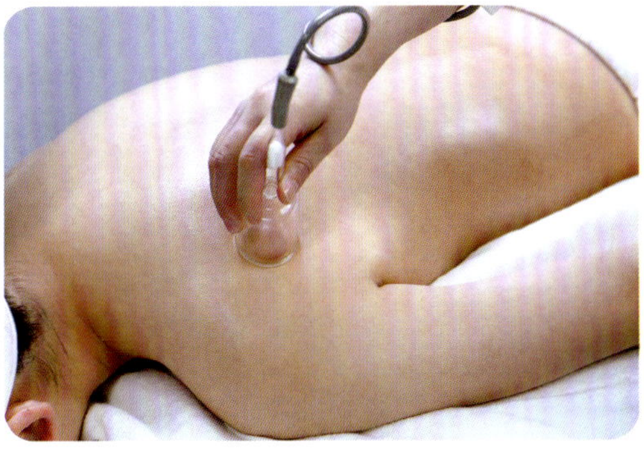

4 顾客测试。在顾客背部测试吸力大小，并询问顾客力度是否合适。

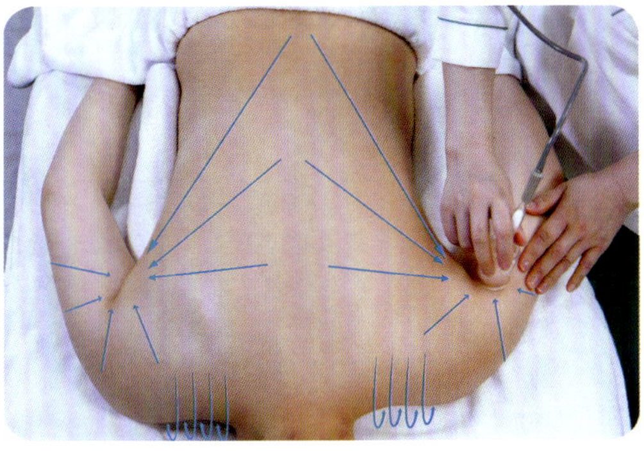

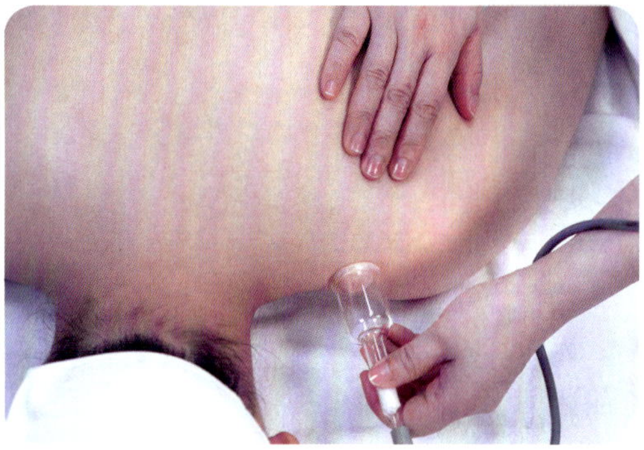

5 背部引流。根据引流部位的大小选择合适的吸杯，按照正确的路线及方向在上臂及背部进行淋巴引流，一只手绷紧皮肤，另一只手拿住吸杯，力度均匀，以每秒约 4 cm 的速度缓慢移动。在更换吸杯时要进行吸力测试。

6 结束工作。将吸力调至零后关机，消毒仪器，整理电线。

真空吸杯淋巴引流仪评分表

评分项	最高分	子标准评分项描述	次数及评分					
M1	1	准备工作：仪器、工具摆放整齐，消毒、测试仪器，确保仪器能正常使用。						
M2	2	开机与关机：开机及关机方法正确，每次更换吸杯都进行吸力测试。						
M3	2	顾客沟通：操作前告知顾客仪器操作时会有皮肤被吸起的感觉，调节吸力时询问顾客强度是否合适。						
M4	1	结束工作：清洁顾客皮肤，消毒并整理好仪器及其配件。						
J	4	仪器操作：吸杯吸力大小符合要求，淋巴引流的速度均匀，方向及路线准确，操作熟练流畅。美容师操作姿态正确。 等级配分：1 分；2 分；3 分；4 分。						
合计	10	得分：						

Notes

第四节　电子肌肉收缩仪——法拉狄

实操内容

观看电子肌肉收缩仪——法拉狄的操作视频请用微信扫下方二维码。

物品准备

1. 法拉狄身体仪器及配件
2. 湿棉片
3. 面膜刷

产品准备

1. 消毒喷雾、抗菌手部啫喱、浓度为 0.2% 的滴露消毒液等
2. 导电啫喱

1 仪器及物品准备。准备面膜刷和导电啫喱，清洁消毒仪器，用浓度为 0.2% 的滴露消毒液消毒电极片，检查能量调节旋钮是否归零。

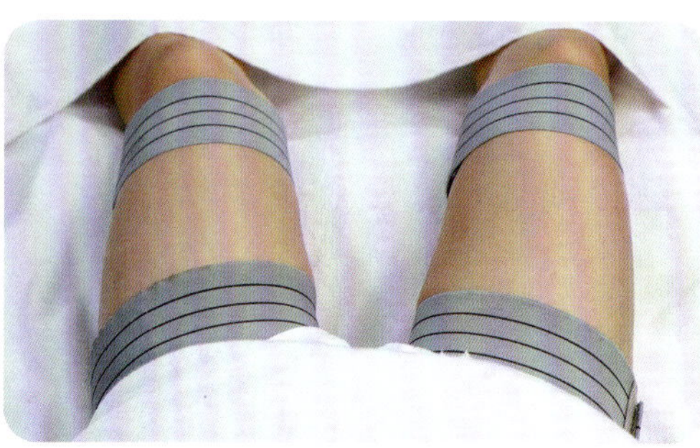

2 顾客准备。将绑带绑在顾客的两条大腿上。

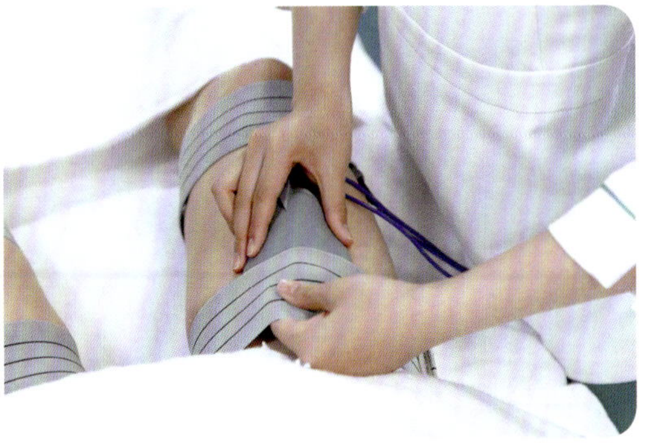

3 电极片准备。在电极片上涂刷导电啫喱，将电极片依次放在绑带下，注意正负极成对摆放，负极放在肌止端，正极放在肌始端。

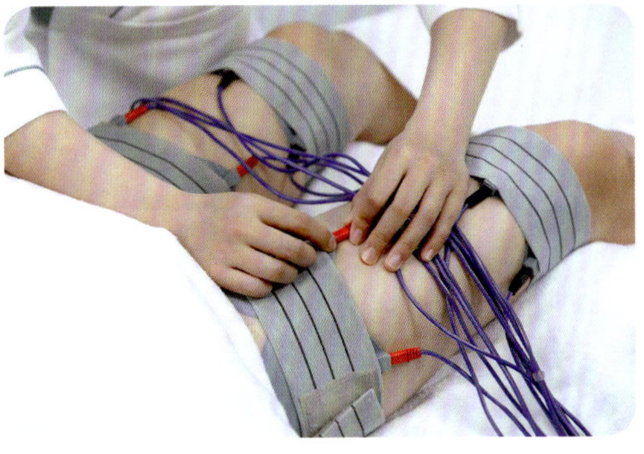

4 检查电极片。检查所有电极片摆放位置均正确、安全。

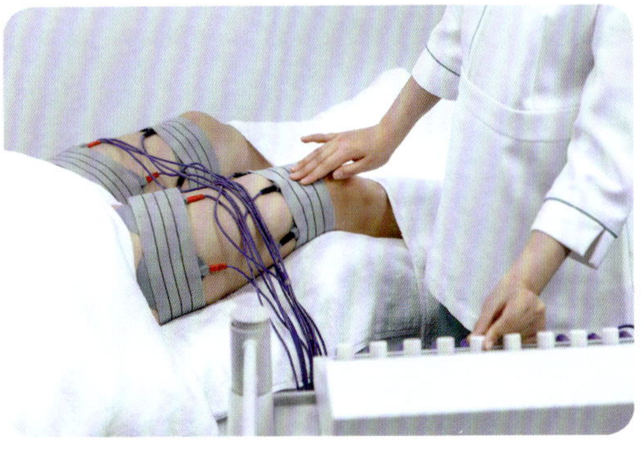

5 仪器操作。开机，选择合适的模式和频率，与顾客沟通操作仪器时的注意事项。均匀地依次加大每对电极片的电流，直到每组肌肉都能以相近的强度进行收缩。

6 操作时间。操作 20~30 min 后，均匀地依次减少每对电极片的电流至零，关机。

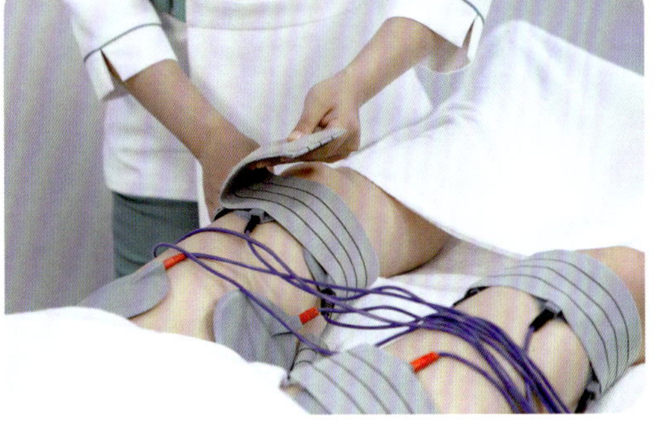

7 取回电极片。打开绑带，有序地取回每对电极片和棉垫。

8 结束工作。用干棉片擦拭顾客的皮肤，消毒电极片和仪器，整理归放好仪器。

电子肌肉收缩仪——法拉狄评分表

评分项	最高分	子标准评分项描述	次数及评分					
M1	1	准备工作：仪器、工具摆放整齐，消毒、测试仪器，确保仪器能正常使用。						
M2	1	开机与关机：仪器参数调节正确，开机及关机时均匀地增加或减少电流强度。						
M3	2	仪器安全：绑带松紧合适，电极片与电线连接紧密，电极片没有重叠摆放，没有放在骨骼突起处，电极片下有足量的导电啫喱。						
M4	2	顾客沟通：操作前告知顾客仪器操作时会有轻微针刺的感觉，操作部位的肌肉会产生明显的收缩跳动，操作后肌肉有可能出现酸痛的现象；操作过程中随时询问顾客肌肉收缩的强度是否合适。						
M5	1	结束工作：清洁顾客皮肤，消毒并整理好仪器及其配件。						
J	3	仪器操作：电极片在每组肌肉上的摆放位置正确，操作部位的肌肉运动状态正常，肌肉收缩的强度均匀、适中。美容师操作姿态正确。 等级配分：0 分；1 分；2 分；3 分。						
合计	10	得分：						

Notes

第三章

面部淋巴引流按摩

实操内容

观看面部淋巴引流按摩的操作视频请用微信扫下方二维码。

物品准备

精油或按摩油。

一、按摩前奏

1 调整呼吸。美容师深呼吸，调整自己的呼吸频率与操作节奏。

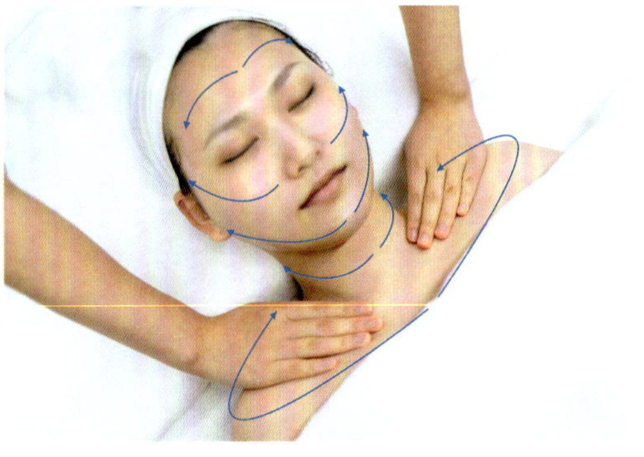

2 按抚展油。取适量按摩油在掌心温热，将按摩油均匀地在顾客前胸和脸上展开。

二、前胸部按摩

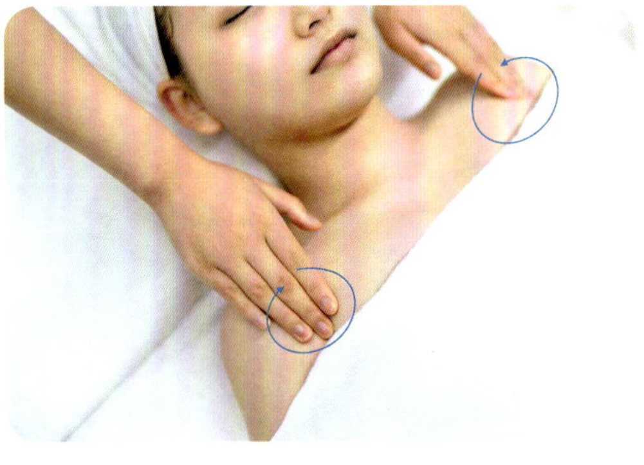

1 激活腋下淋巴结。美容师双手指腹交叠，在顾客一侧腋窝凹陷处轻柔地边按压边打小圈（以下激活的手法相同），激活疏通腋下淋巴结，也可用双手指腹在双腋下同步进行操作。

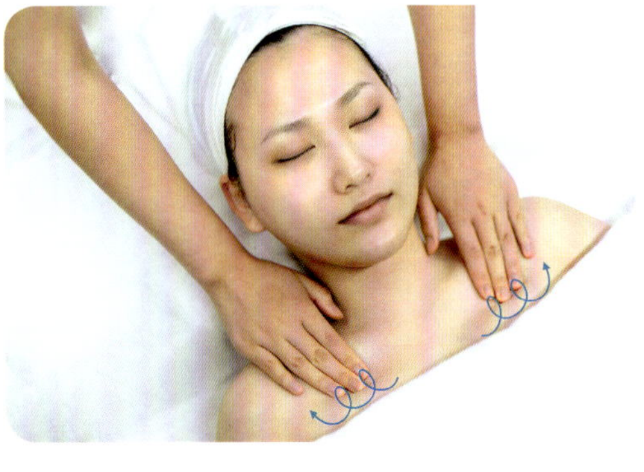

2 激活前胸淋巴结群。用指腹分三线在前胸上部用以上同样的手法激活前胸上部的淋巴结群。

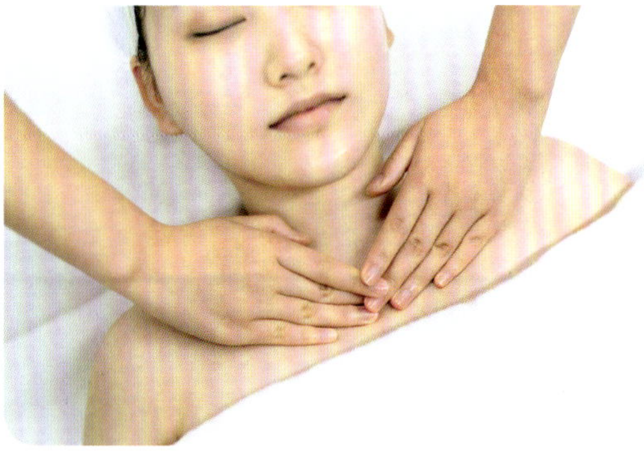

3 激活支气管淋巴结。双手中指指腹交叠，在两锁骨中间凹陷处激活支气管淋巴结。

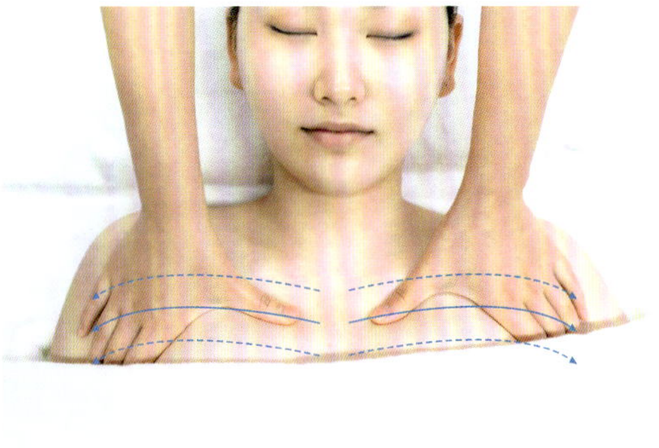

4 引流前胸淋巴液。双手拇指或四指分三线从前胸中部向外引流淋巴液至腋下淋巴结。

5 激活锁骨上淋巴结。大拇指或美容指在锁骨上方凹陷处激活锁骨上淋巴结，引流淋巴液至腋下淋巴结。

三、颈部按摩

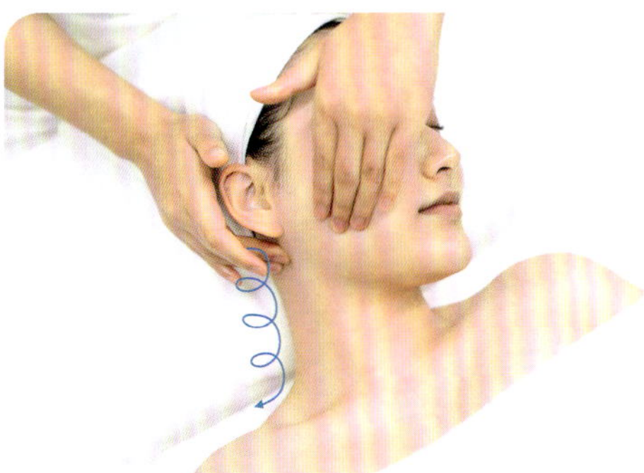

1 激活颈侧淋巴结群。美容师一手固定顾客面颊并使顾客头偏向一侧，一手用指腹在颈外侧激活耳后淋巴结（位于耳朵根部正后方）、枕后淋巴结（位于枕骨下方凹陷处）和颈外侧浅、深淋巴结（位于颈部两侧）。

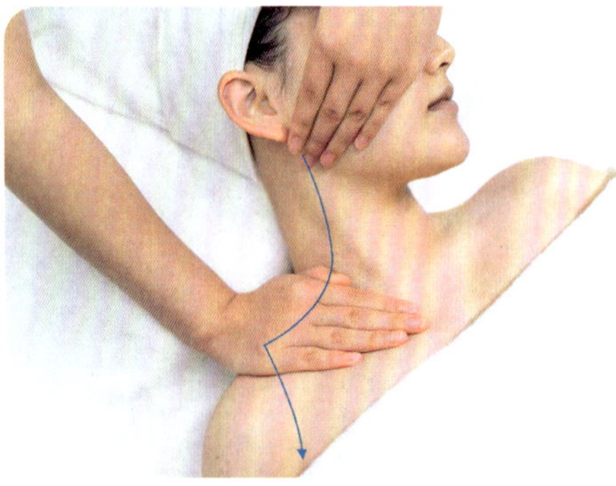

2 引流颈侧淋巴液。引流颈侧淋巴液，经锁骨上淋巴结至腋下淋巴结。

四、面部按摩

1 激活颏下淋巴结、颌下淋巴结。用美容指在下颌骨下方凹陷处激活颏下淋巴结（位于颏下部）、颌下淋巴结（位于下颌骨下腺附近）；拇指和食指同时夹住下颌，从下颏中间往外引流淋巴液至耳后淋巴结。

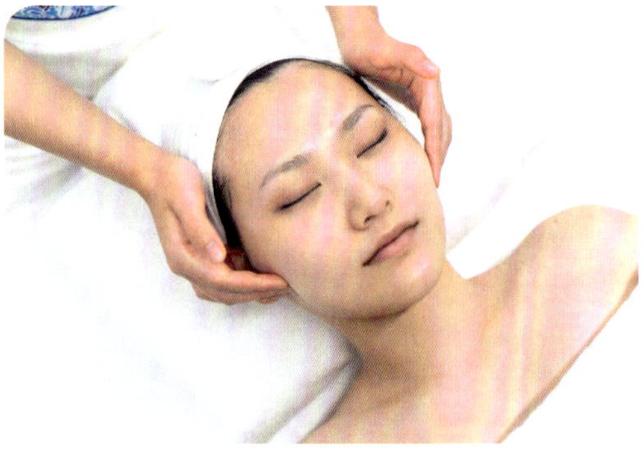

2 激活腮腺淋巴结。用美容指在外耳道的前下方激活腮腺淋巴结。

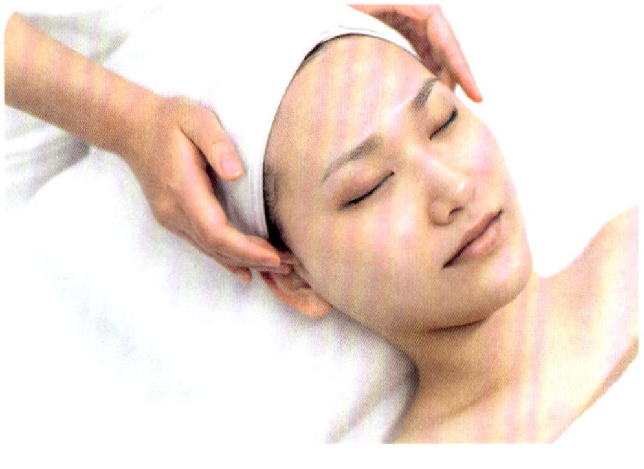

3 激活耳前淋巴结、颊淋巴结。用美容指激活耳前淋巴结（位于耳屏前方）、颊淋巴结（位于颧骨下方），从鼻翼外侧沿颧骨下方向外引流淋巴液至耳前淋巴结。

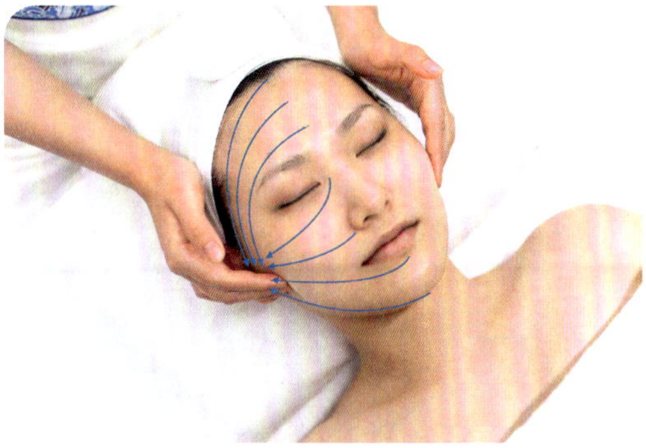

4 引流面部淋巴液。顺面部淋巴管走向由内向外引流淋巴液至各淋巴结。第一条，沿下颌线至耳后；第二条，从人中至耳前；第三条，顺内眼角沿鼻翼至耳前；第四条，顺内眼角下缘至太阳穴；第五条，由印堂至耳前；第六条，由额中至耳前；第七条，由神庭至耳前。

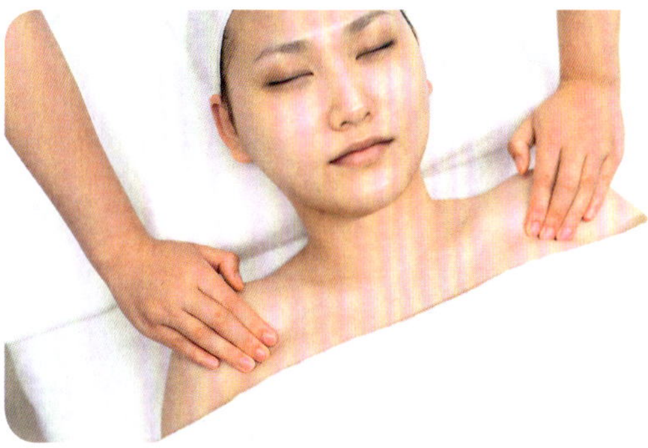

5 面颈部引流。从额头中间开始向外引流淋巴液（经太阳穴），沿耳前淋巴结至锁骨上淋巴结，最后引流至腋下淋巴结。

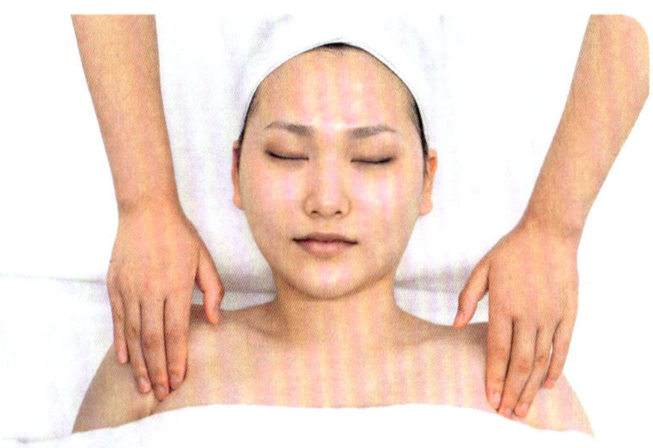

6 结束面颈部引流。双手指腹同时在腋下激活腋下淋巴结，结束淋巴引流按摩。

面部淋巴引流按摩评分表

<table>
<tr><th>评分项</th><th>最高分</th><th>子标准评分项描述</th><th colspan="6">次数及评分</th></tr>
<tr><td>M</td><td>1</td><td>护理准备：护理全程头巾包裹紧实、完整，保护好顾客头发，确保顾客舒适。</td><td></td><td></td><td></td><td></td><td></td><td></td></tr>
<tr><td rowspan="2">J1</td><td rowspan="2">4</td><td>淋巴引流：淋巴结激活位置准确；淋巴液引流方向正确，有引流作用。</td><td rowspan="2"></td><td rowspan="2"></td><td rowspan="2"></td><td rowspan="2"></td><td rowspan="2"></td><td rowspan="2"></td></tr>
<tr><td>等级配分：1 分；2 分；3 分；4 分。</td></tr>
</table>

续表

评分项	最高分	子标准评分项描述	次数及评分					
J2	3	按摩技术：按摩全程自信，动作熟练、平稳、流畅、有节奏感；手法、动作的编排和变化适合顾客的需要。						
		等级配分：0 分；1 分；2 分；3 分。						
J3	2	按摩姿态：按摩全程姿态自然、放松、协调。美容师座位高度与床高协调，坐姿端正。						
		等级配分：0 分；1 分；1.5 分；2 分。						
合计	10	得分：						

Notes

第四章

身体按摩

第一节　瑞典式按摩

实操内容

物品准备

1. 玻璃碗
2. 纸巾、消毒湿巾
3. 发带、浴帽

产品准备

1. 手部免洗消毒啫喱
2. 按摩油

一、背部按摩

观看瑞典式背部按摩的操作视频请用微信扫下方二维码。

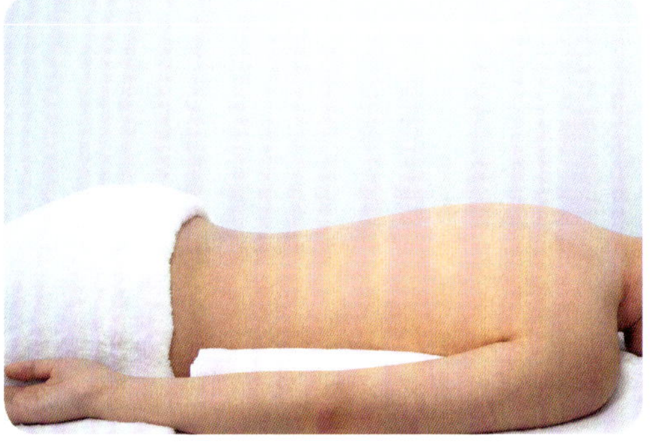

1 顾客准备。美容师先将毛巾或软胶垫放置在床头洞口，然后帮助顾客翻身，面部朝下，与头洞吻合以方便呼吸；在脚踝下放置脚枕，胸部两侧放置毛巾卷保护胸部不暴露，确保顾客趴时安全、舒适；使用热毛巾或消毒湿巾清洁或消毒顾客双脚。

2 深压放松。美容师将双手手掌放置于顾客背部中间，调整自己呼吸频率与操作节奏；双手掌由背部中间向外滑至臀部和肩部，同时向下向外用力，舒展放松背部肌肉。

3 展油按抚。取适量按摩油在手心温热，均匀地在背部展开。双手手指并拢，用身体的力量带动前臂及手掌，力度下沉，双手并排从肩颈向下推至腰部，再沿腰部两侧直接轻抚拉回到脖子。用力时询问顾客力度是否合适。

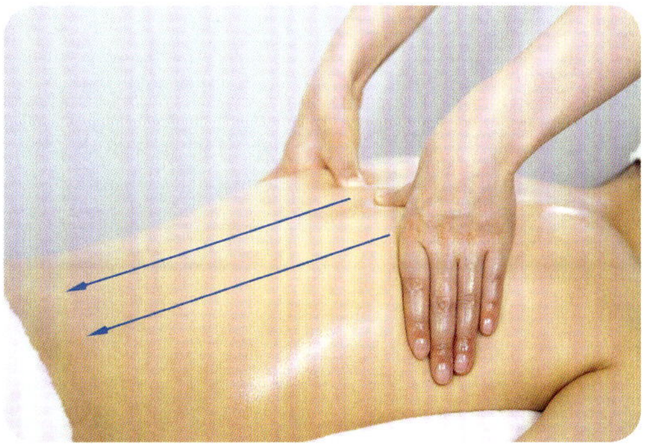

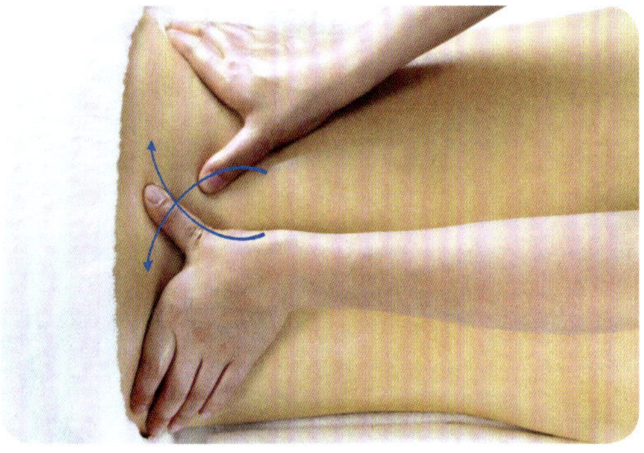

4 拇指推竖脊肌。双手拇指从斜方肌向下推竖脊肌到尾椎并交替在尾椎打圈2～3次。

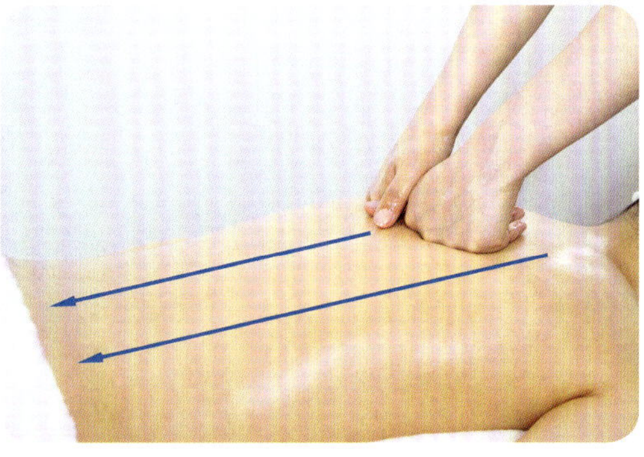

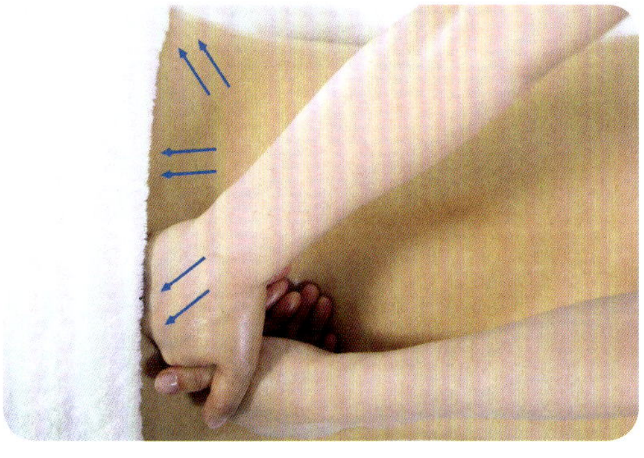

5 跪指推竖脊肌和臀部。双手手指向掌心弯曲，以近节指骨（靠近掌骨的第一关节）为面，由斜方肌向下推竖脊肌至腰部。将臀部分为左、中、右三个区域，双手推单个区域放松臀部肌肉。

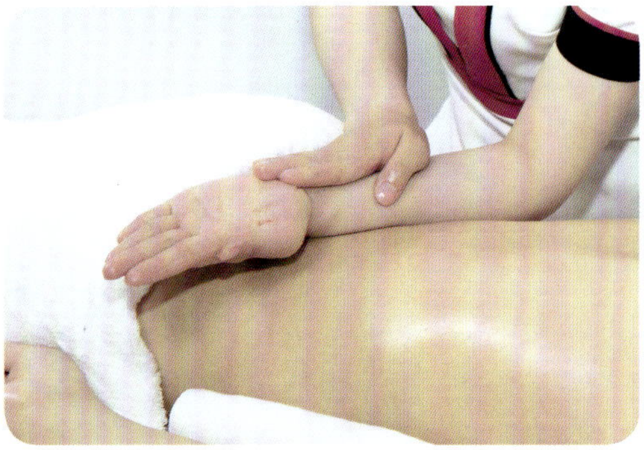

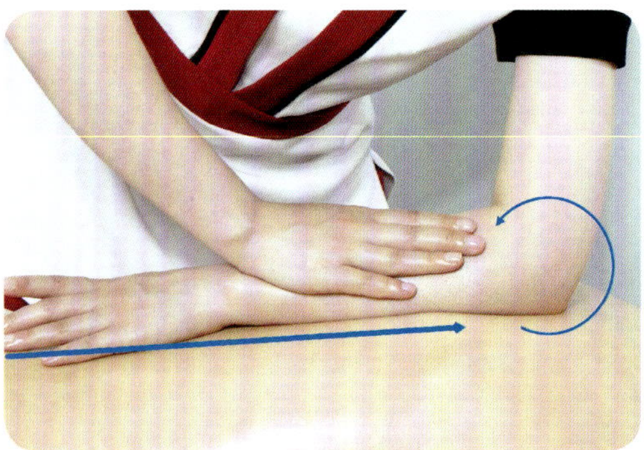

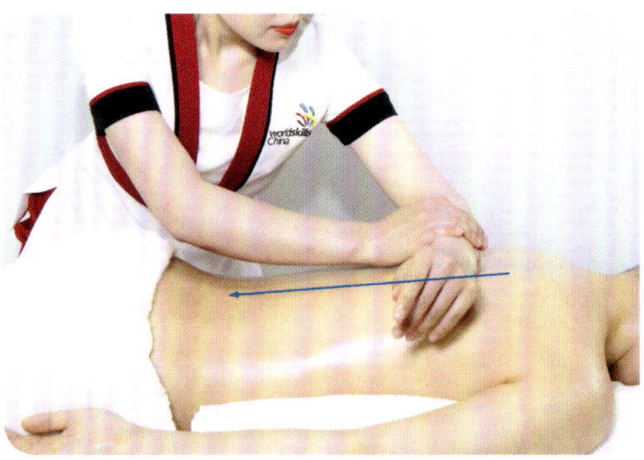

6 手臂推单侧竖脊肌。用手臂外侧由腰侧底部斜向上推一侧臀大肌，随即转为用手臂内侧沿脊柱推竖脊肌至肩胛，再沿肩胛骨缝推至斜方肌，用手臂内侧包肩至肩胛，最后横向拉背部肌肉回到臀部。

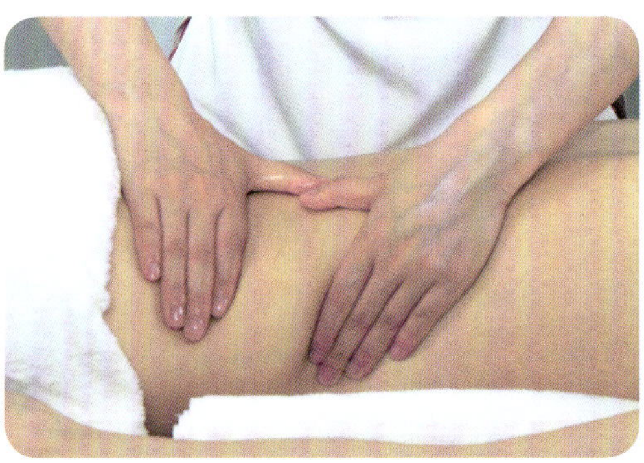

7 横向揉捏背部肌肉。双手掌紧贴皮肤，一手用虎口横向推起肌肉，另一手用虎口和手指拿捏，交替揉捏背部肌肉。可根据顾客需要加强某些部位。

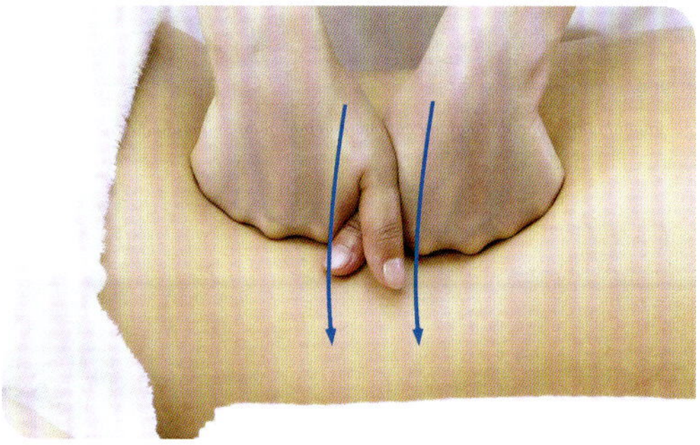

8 跪指推背部肌肉。以近节指骨为面（靠近掌骨的第一关节），双手并排向前推背部肌肉，随即用手掌轻滑拉回。

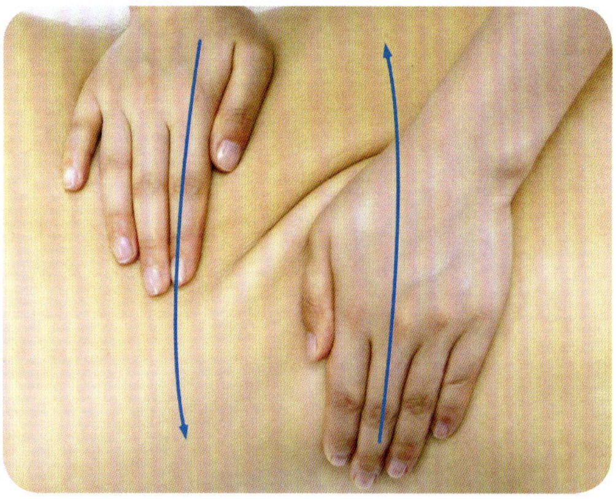

9 纵向揉捏背部肌肉。双手手指并拢，紧贴于顾客皮肤，双手掌放置于按摩部位的对侧，相对用力前后交替揉捏背部肌肉。

10 敲击背部

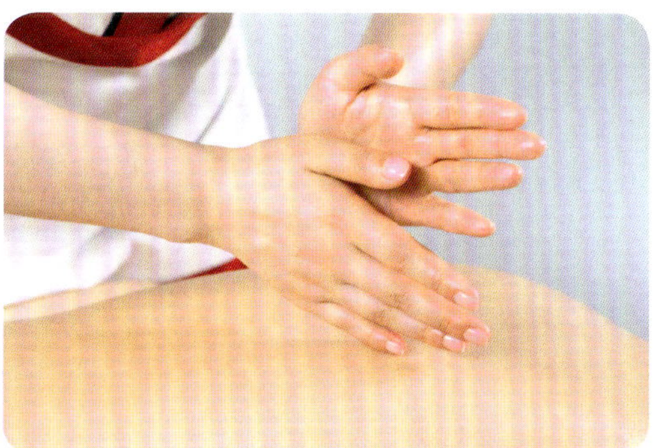

10-1 敲击。美容师双手手掌距离控制在2～3 cm，手腕、手指放松，十指自然张开，用手掌及小指外侧有节奏地快速交替敲击背部肌肉，可根据肌肉的面积及厚薄选择运用小指外侧或手掌外侧进行敲击。敲击时力度由轻到重、节奏由慢到快，肌肉疲劳部位可着重加强，再逐渐放慢过渡到下一个动作。注意避开骨骼和脏器部位。

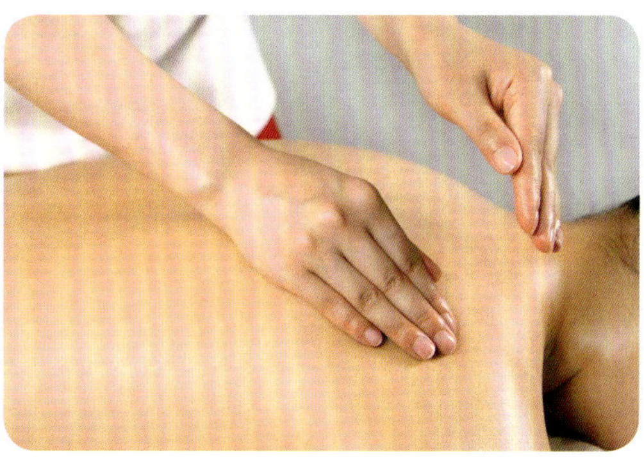

10-2 叩击。双手手指并拢略微弯曲，用指腹与大小鱼际有节奏地快速交替叩击背部肌肉。敲击、叩击是一组连贯性动作，操作时应一气呵成。

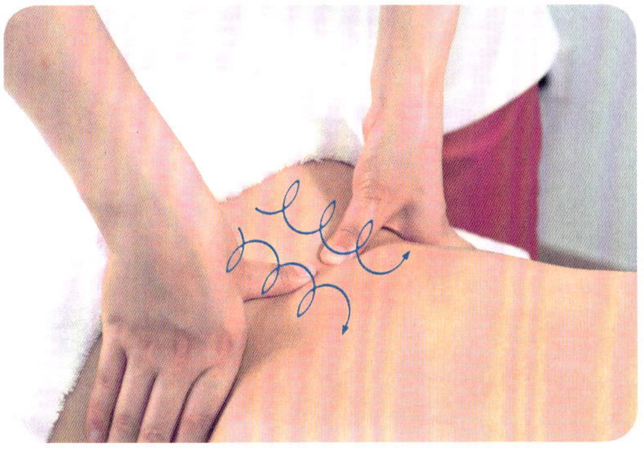

11 腰臀部按摩

11-1 摩擦腰部。美容师双手手掌按抚放松腰部后，双手拇指指尖相对，向上打圈摩擦，放松腰部肌肉。

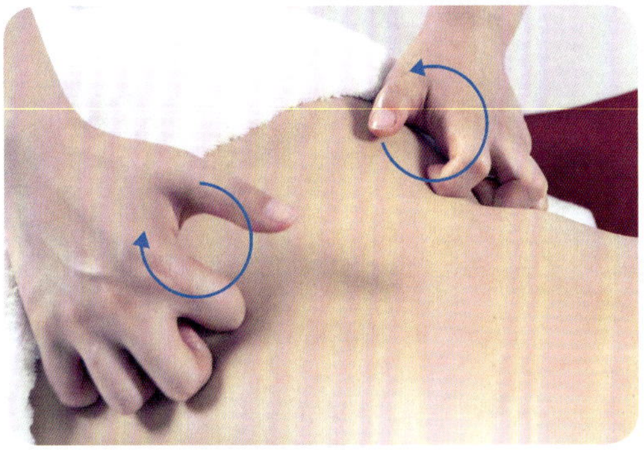

11-2 跪指轮臀部。双手手指弯曲，以中节指骨（靠近掌骨的第二关节）为面，由小指到食指依次向外轮指打圈收至掌心，轮按臀中肌。

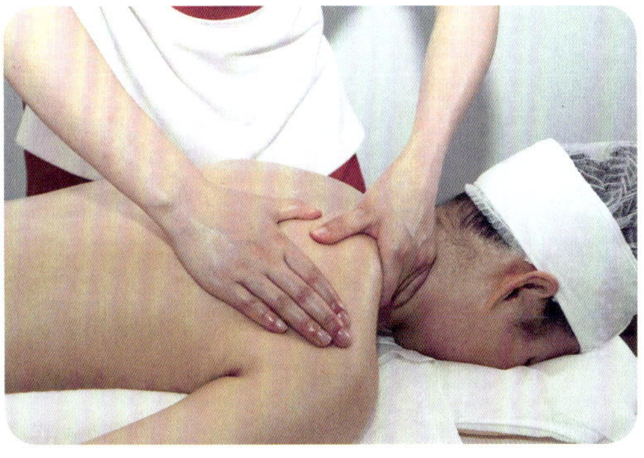

12 肩颈部按摩

12-1 揉捏斜方肌。美容师手腕放松，双手交替相对用力揉捏斜方肌。可根据顾客需要加强力量揉捏某些部位。

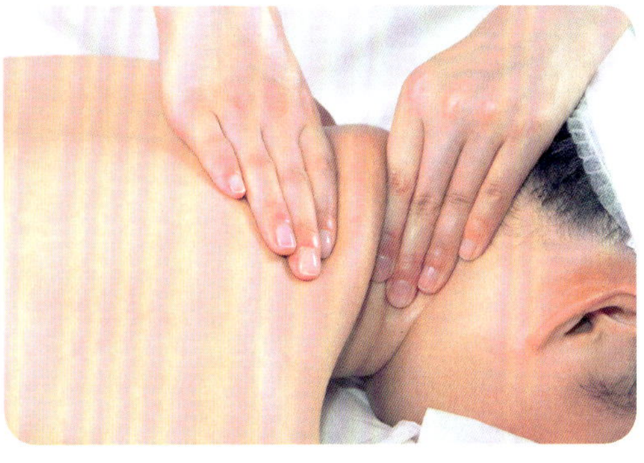

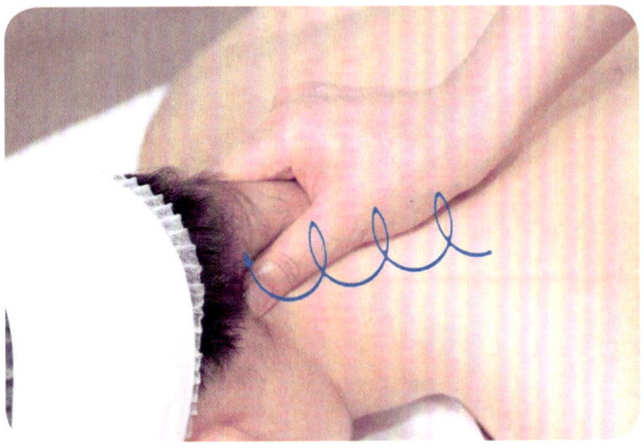

12-2 揉捏颈部肌肉。手腕放松，双手交替或单手揉捏颈部肌肉。

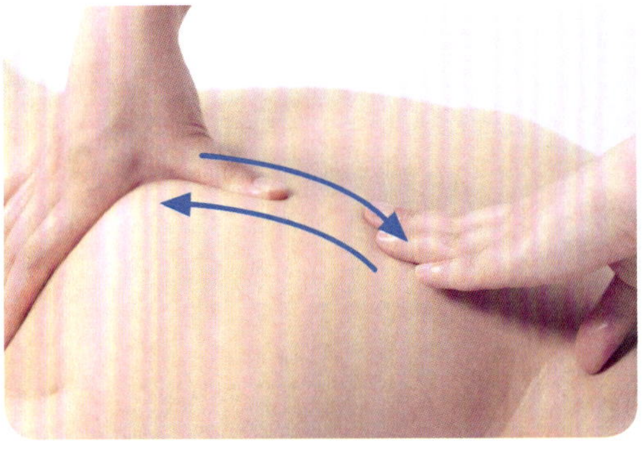

12-3 推肩胛骨缝。拇指与四指分开，拇指、虎口及食指尽可能贴在肩胛骨缝，双手拇指着力交替正推、倒推肩胛骨缝。

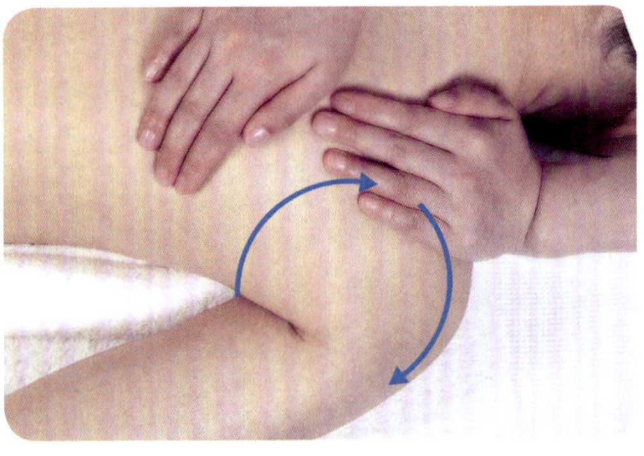

12-4 掌推肩胛。双手手掌紧贴皮肤，交替顺时针或逆时针推单侧肩胛。

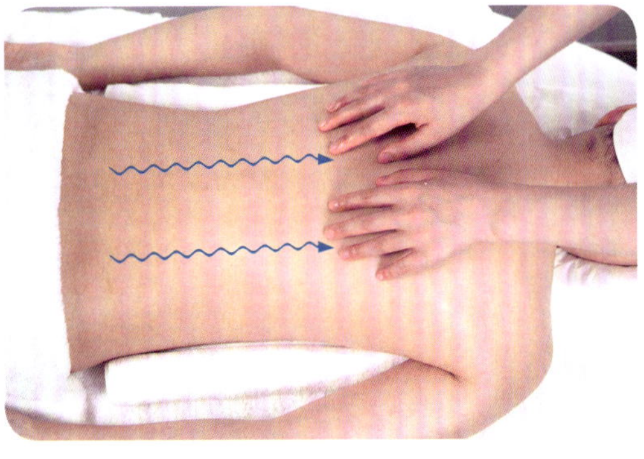

12-5 震颤。手指放松自然张开，大臂和小臂同时发力带动手指指尖快速颤动。

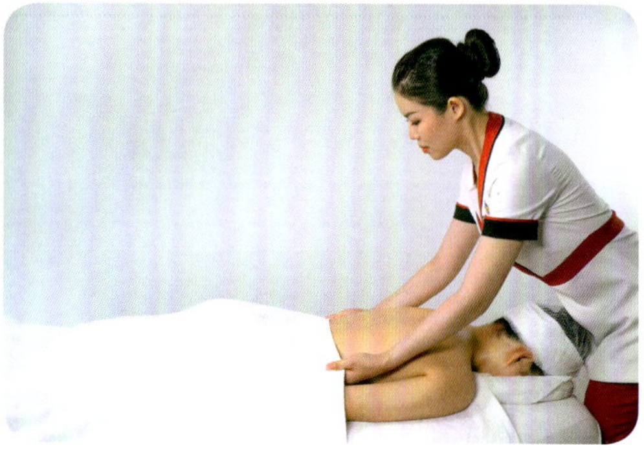

13 按抚深压背部。双手掌按抚整个背部2～3遍后，为顾客盖好床单后深压放松整个背部。

二、腿部后侧部按摩

观看瑞典式腿部后侧部按摩的操作视频请用微信扫下方二维码。

1 深压放松。美容师双手掌放于腿部中间，调整自己呼吸频率与操作节奏；双手掌由顾客腿部中间向外滑至大腿根部和脚踝处，向下向外用力，舒展放松腿部肌肉。

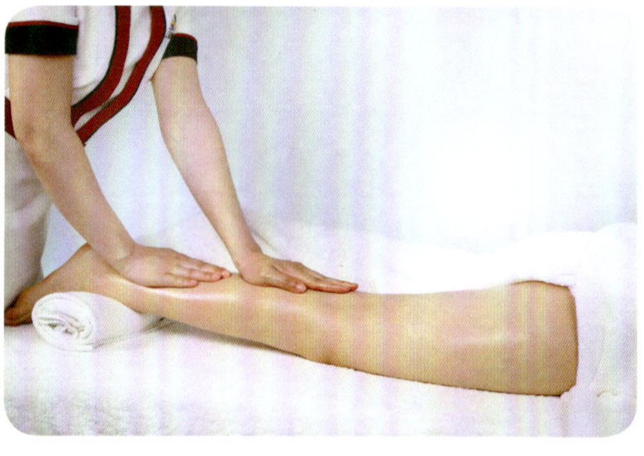

2 展油按抚。美容师取适量按摩油在手心温热，均匀地在顾客腿部展开。双手手指并拢，用身体的力量带动前臂及手掌，力度下沉，从小腿推到大腿根部，双手掌包大腿从两侧回到脚踝。

3　小腿

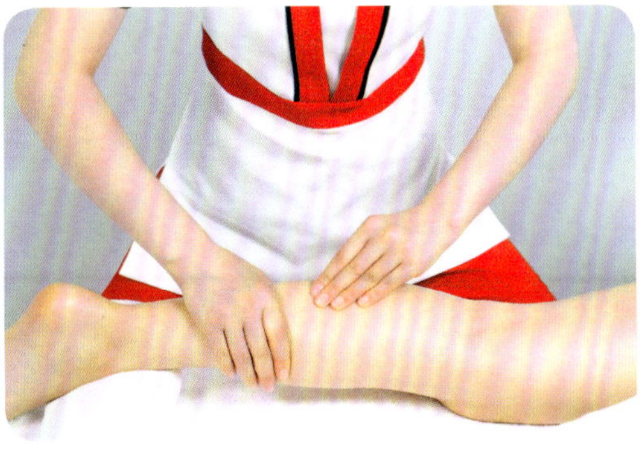

3-1 横向揉捏小腿肌肉。美容师双手左右交替揉捏比目鱼肌和腓肠肌，从跟腱揉捏到腘肌。

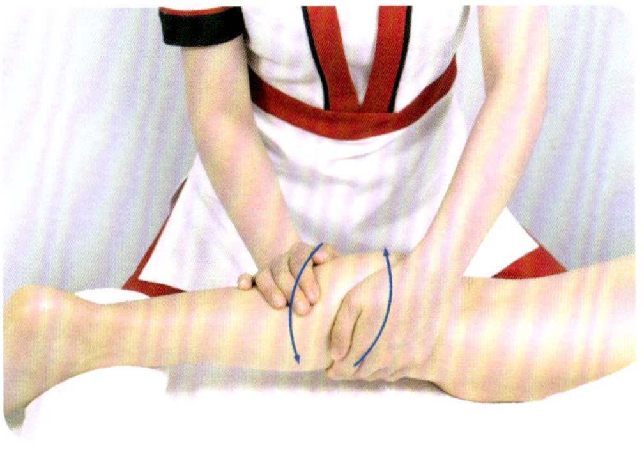

3-2 纵向揉捏小腿。双手前后相对用力交替揉捏小腿比目鱼肌和腓肠肌。

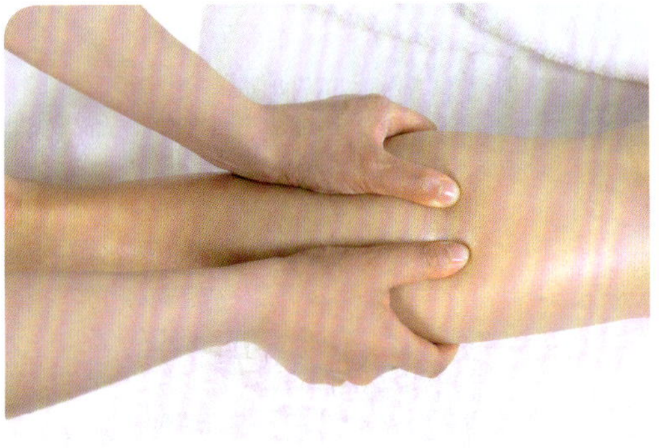

3-3 摩擦小腿。双手拇指同时打小圈摩擦小腿中线肌肉，从跟腱摩擦到腘肌。

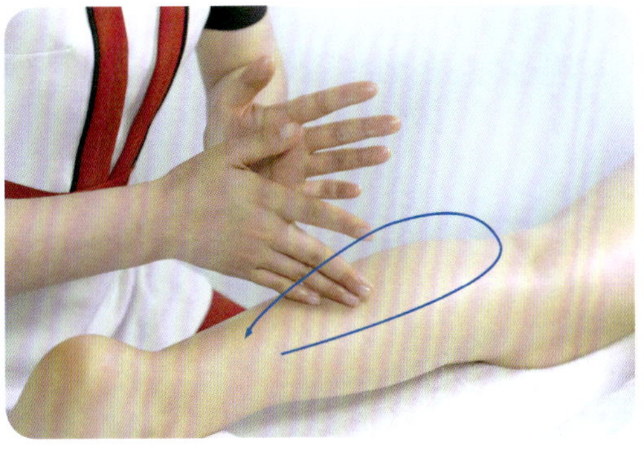

3-4 敲击小腿。有节奏地快速交替敲击小腿肌肉。力度由轻到重、节奏由慢到快，再逐渐放慢并过渡到下一个动作，可着重加强肌肉疲劳部位。

4 大腿

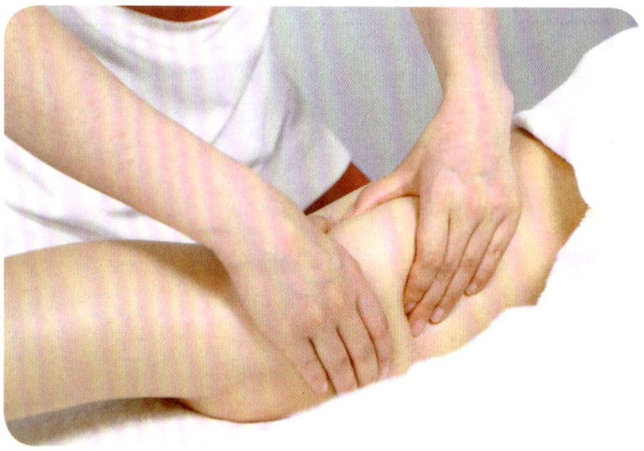

4-1 横向揉捏大腿。美容师双手手掌按抚整个腿部，双手从腘窝到大腿根部左右交替揉捏半腱肌和股二头肌。

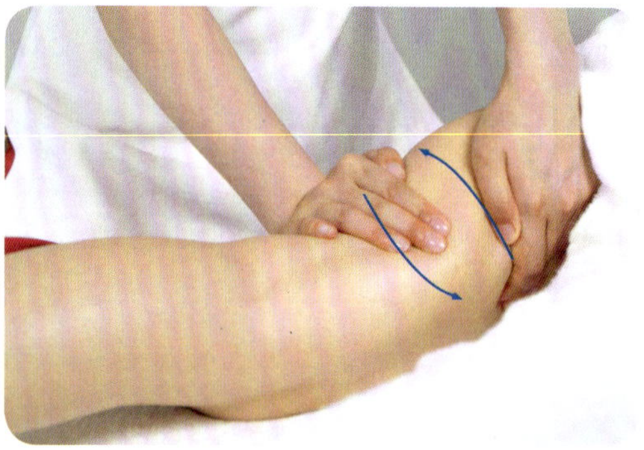

4-2 纵向揉捏大腿。从腘窝到大腿根部，双手前后相对用力交替揉捏半腱肌和股二头肌。

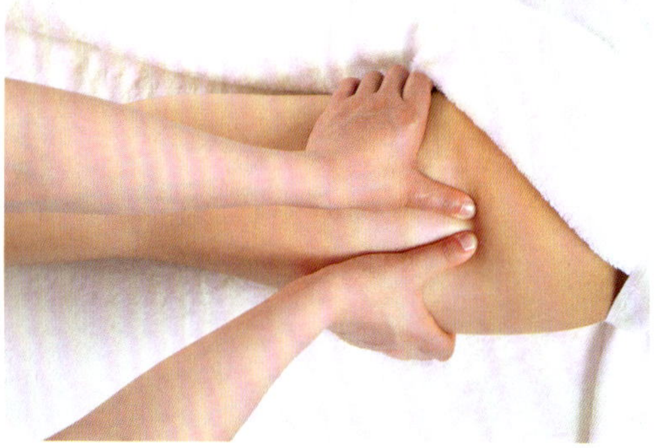

4-3 摩擦大腿。从腘窝到大腿根部，双手拇指同时打小圈摩擦大腿中线肌肉。

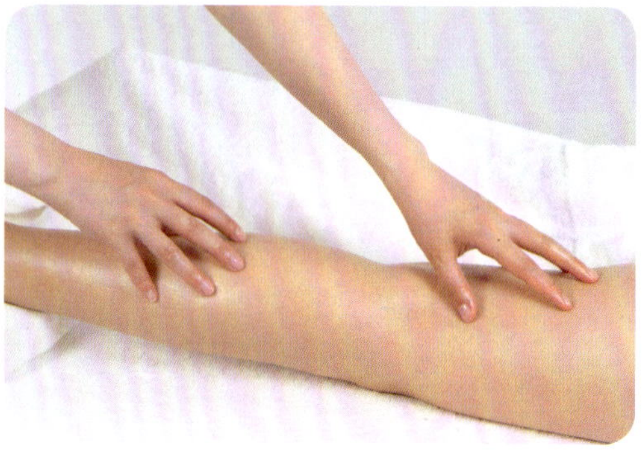

4-4 震颤腿部。手指放松自然张开，大臂和小臂同时发力带动手指指尖快速颤动，作用于腿部肌肉。

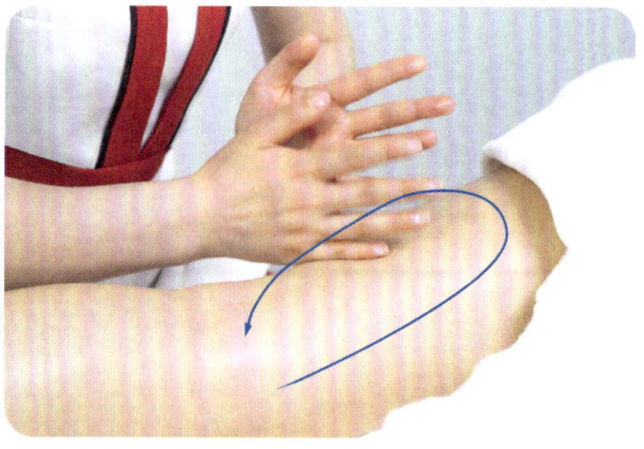

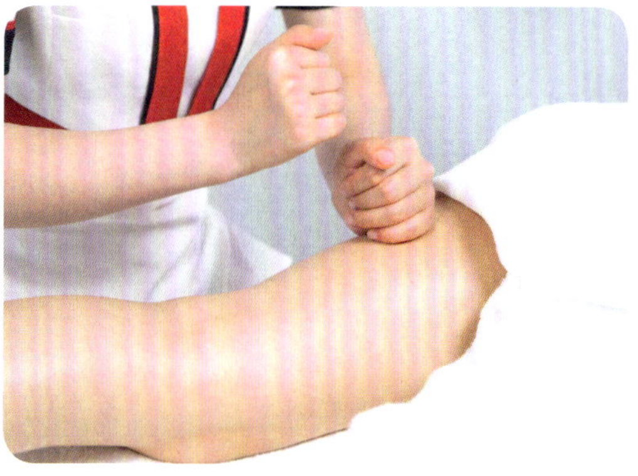

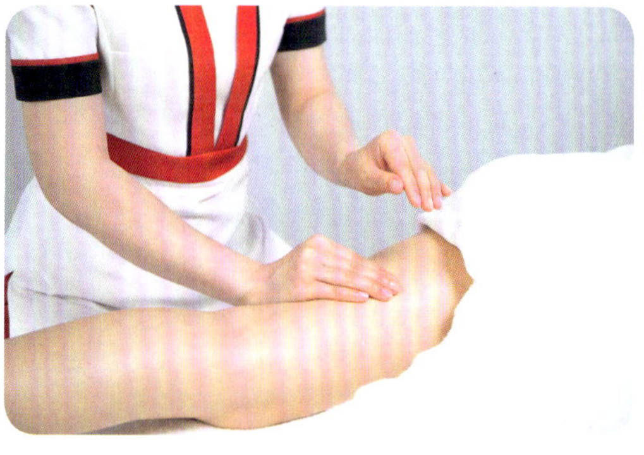

4-5　敲击大腿。使用敲击和叩击中的三种手法有节奏地快速交替敲击大腿肌肉。力度由轻到重，节奏由慢到快，对于肌肉疲劳部位可着重加强力道。

5　足部

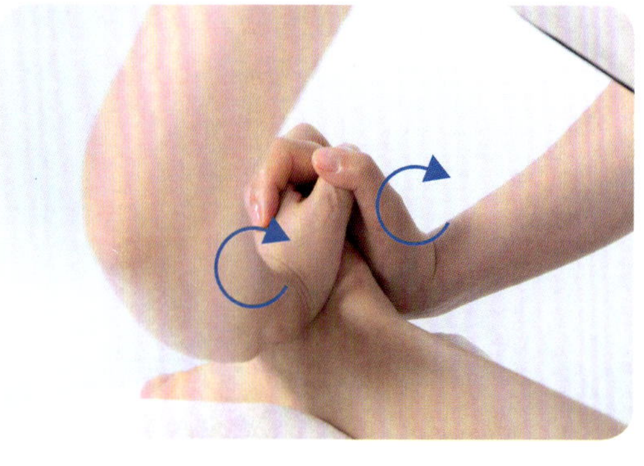

5-1　摩擦脚踝。美容师双手手掌按抚腿部到脚踝处，双手十指相扣，用大小鱼际向上或向下打圈摩擦脚踝。

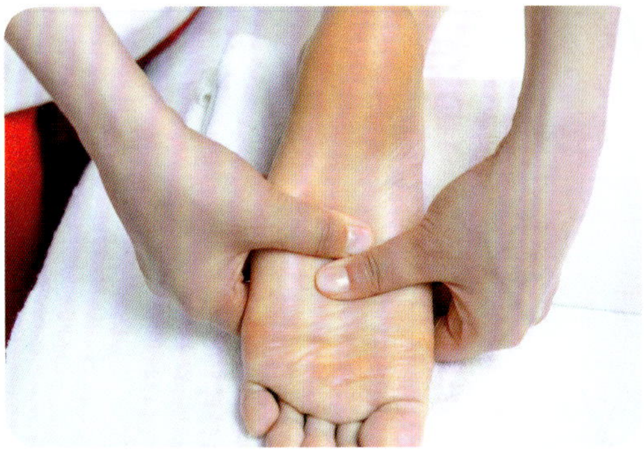

5-2 摩擦足底。双手拇指交替向下摩擦足底（趾短屈肌）。

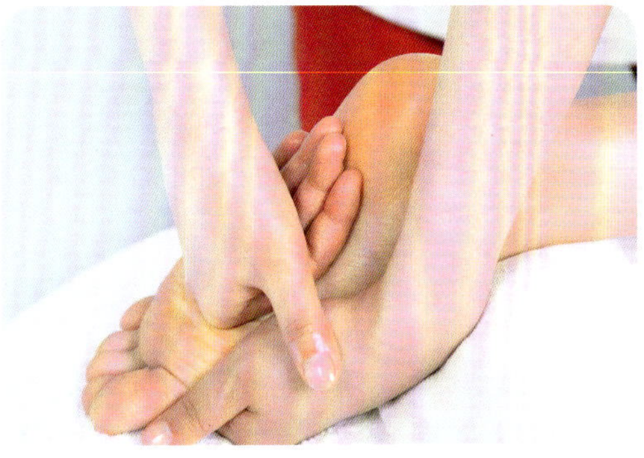

5-3 跪指推足底。一手放至足背做支撑，另一手以近节指骨为面向下推足底。

6 按抚深压腿部。美容师双手掌按抚放松腿部，为顾客盖好床单后深压腿部结束。

三、腿部前侧部按摩

观看瑞典式腿部前侧部按摩的操作视频请用微信扫下方二维码。

1 准备工作。美容师协助顾客翻身平躺，给顾客眼睛盖上小毛巾挡光，将脚枕移至腘窝处，全程保护好顾客隐私并确保顾客安全、舒适、温暖。

2 深压放松。双手掌放于腿部中间，深呼吸，调整自己呼吸频率与操作节奏；双手掌由腿部中间向外滑至大腿根部和脚踝处，向下向外用力，舒展放松腿部肌肉。

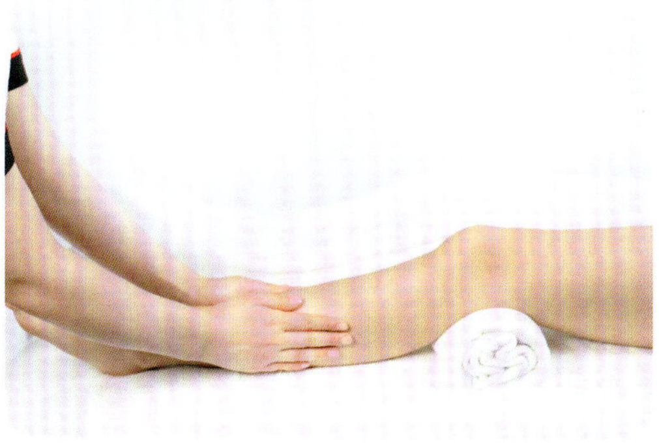

3 展油按抚。取适量按摩油在手心温热，在腿部均匀地展开。双手掌从脚踝按抚到大腿，沿大腿两侧回到脚尖，胫骨和膝盖处不能施加过大压力。

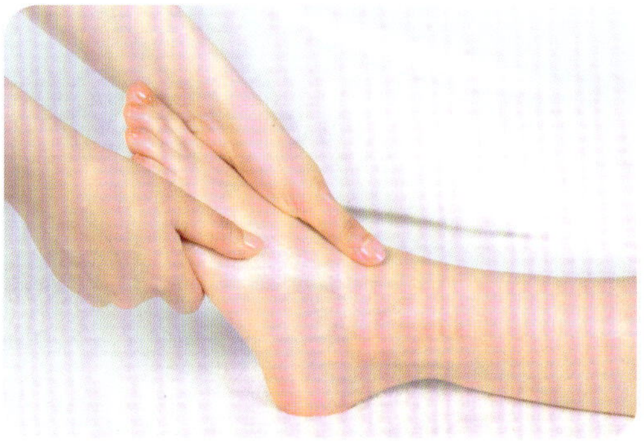

4 足部

4-1 拉抹足部。美容师双手四指与大拇指握住顾客脚掌，用力交替拉抹足部。

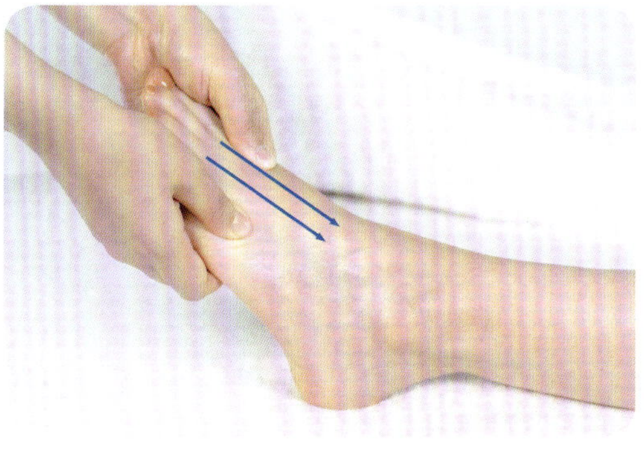

4-2 推骨间背侧肌。双手四指与大拇指握住脚掌，双手拇指向前推或向后拉抹骨间背侧肌。

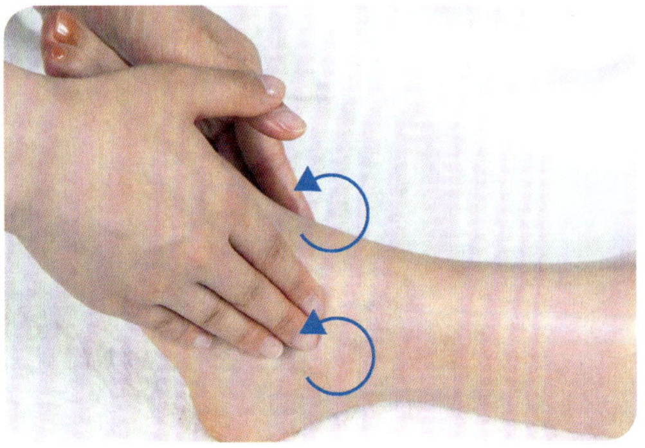

4-3 摩擦脚踝。双手四指相对，环绕脚踝做顺时针或逆时针方向打圈。

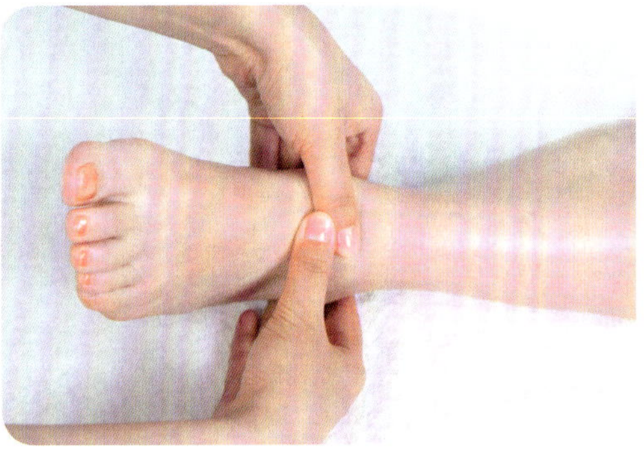

4-4 摩擦踝关节。双手拇指交替向外打圈摩擦踝关节，双手掌按抚足底和足背。

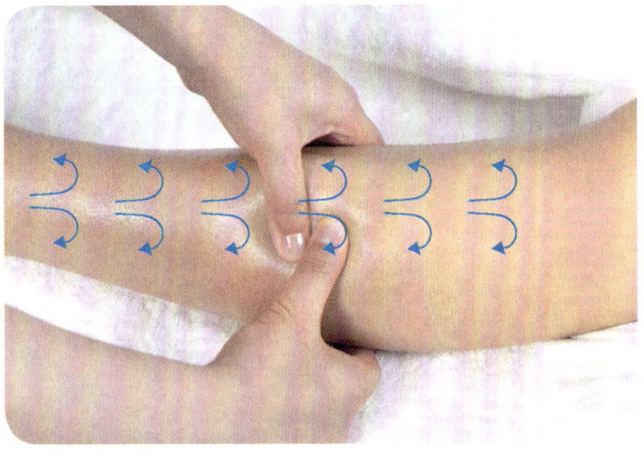

5 摩擦小腿胫骨前肌。美容师按抚放松小腿肌肉，双手拇指同时向上向外打小圈摩擦胫骨前肌。

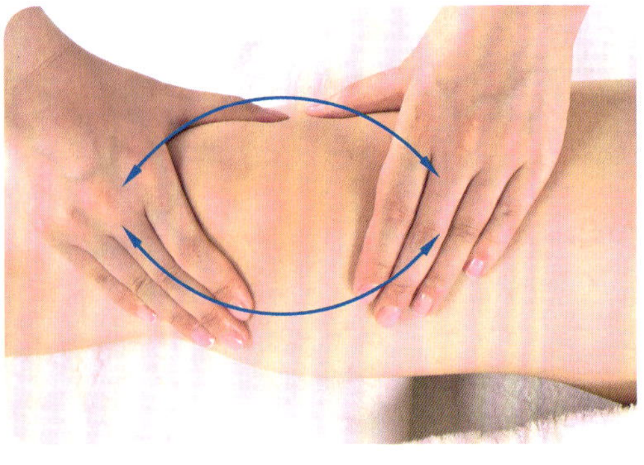

6 膝盖

6-1 揉捏膝盖髌骨两侧肌肉。美容师双手向上向外打圈放松膝盖，双手左右交替揉捏膝盖髌骨两侧筋膜。按摩时注意避开髌骨，髌骨不能施加过大压力。

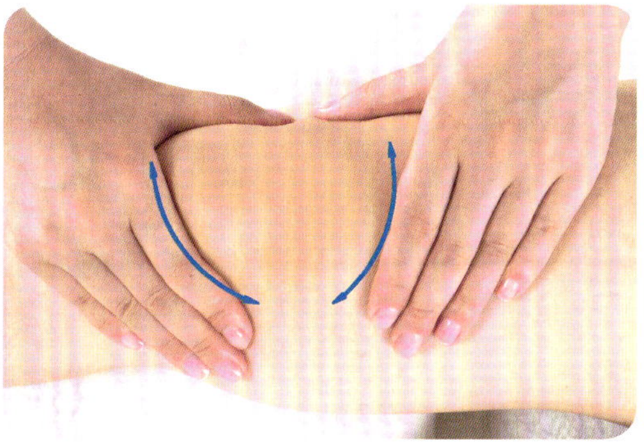

6-2　双手同时拉抹膝盖髌骨两侧筋膜。

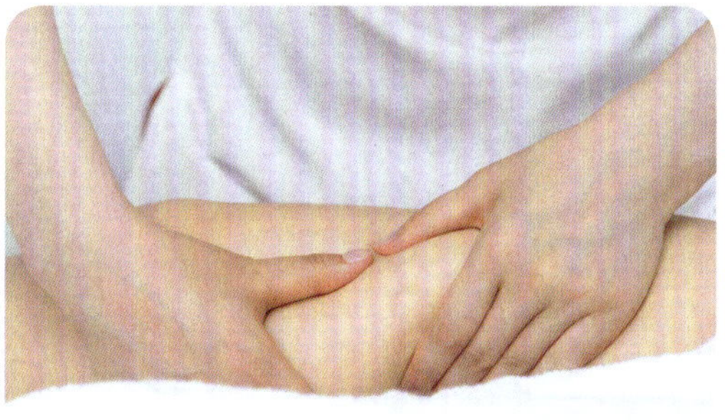

7　大腿

7-1　横向揉捏大腿肌肉。美容师双手分别揉捏股内侧肌、股中肌、股直肌、股外侧肌肌肉。

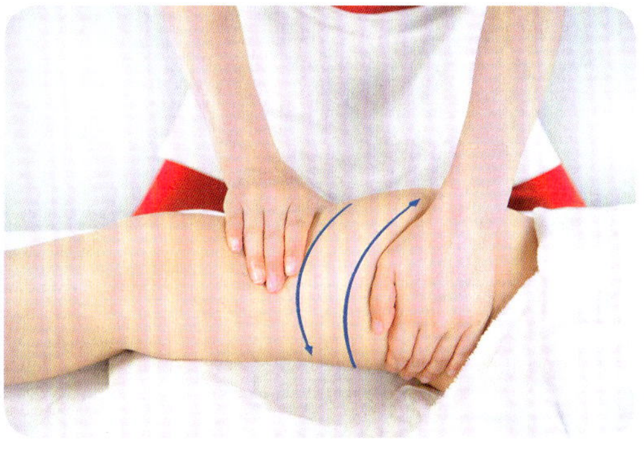

7-2　纵向揉捏大腿肌肉。从膝盖到大腿根部，双手前后相对用力交替揉捏放松整个大腿肌肉。

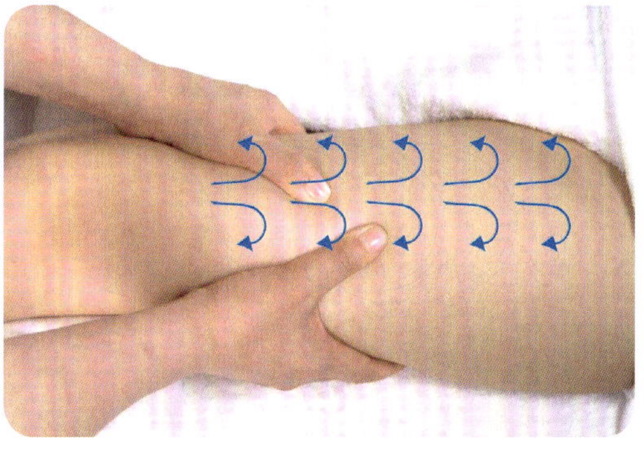

7-3　摩擦大腿肌肉。拇指向上向外打小圈摩擦股中肌和股直肌。

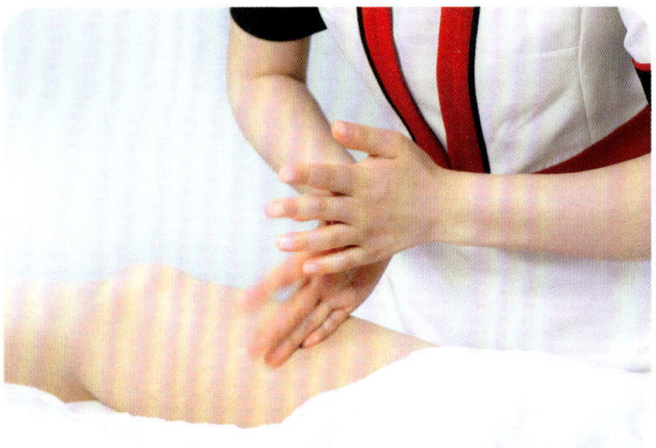

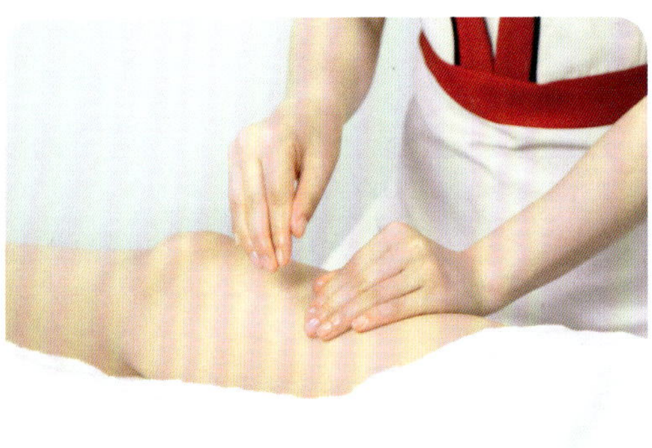

7-4 敲击大腿。用敲击和叩击中的三种手法有节奏地快速交替敲击大腿肌肉。力度由轻到重，节奏由慢到快，对于肌肉疲劳部位可着重加强。

8 按抚深压结束。双手掌按抚整个腿部至脚尖并缓慢移出，为顾客盖好床单后深压放松腿部结束。

9 足底清洁。使用热毛巾彻底清洁足底部按摩油。

四、手臂按摩

观看瑞典式手臂按摩的操作视频请用微信扫下方二维码。

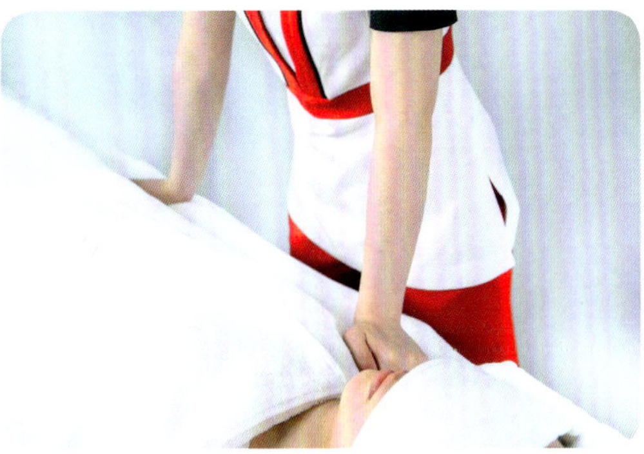

1 深压放松。美容师深呼吸，调整自己呼吸频率与操作节奏，双手掌放于顾客肘窝处向两侧滑至手腕和肩膀，向下向外用力，舒展放松手臂肌肉。

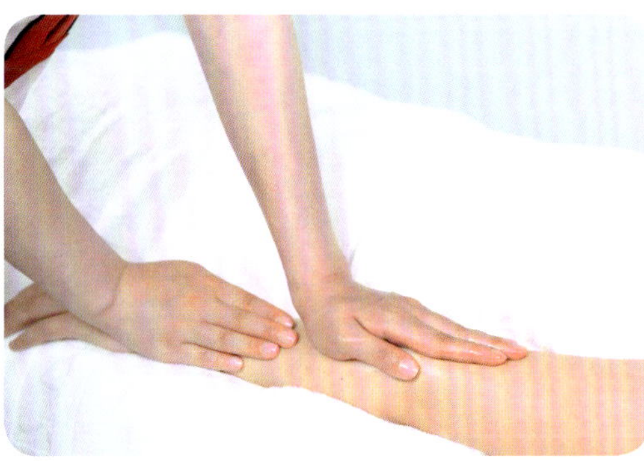

2 展油。取适量按摩油在手心温热，均匀地在手臂展开。

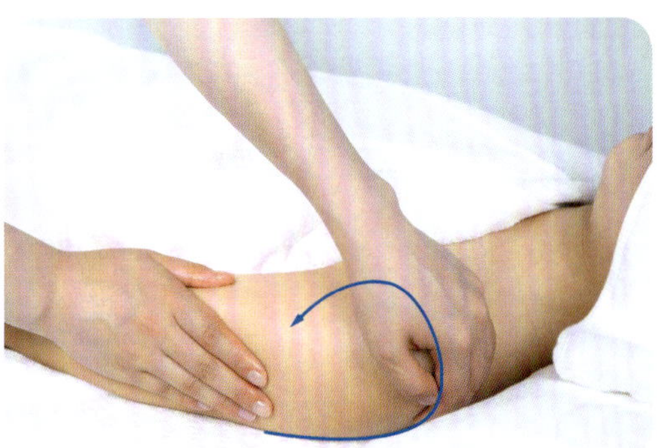

3 大臂

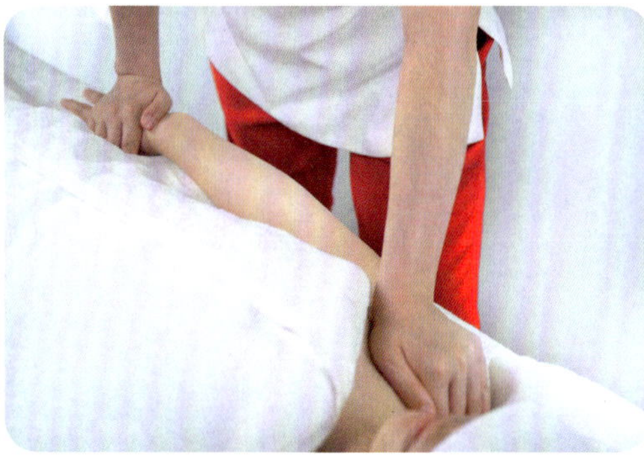

3-1 深压锁骨下窝凹陷外侧。美容师一手压住顾客手腕，另一手沿手臂外侧包肩滑至锁骨下窝凹陷外侧，掌根缓慢向下沉力深压。

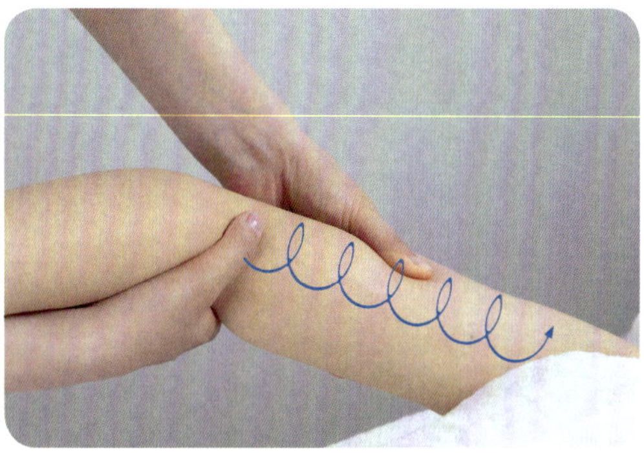

3-2 揉捏肱三头肌。将顾客手臂弯曲，一手托住其手肘，另一手从下到上揉捏肱三头肌。

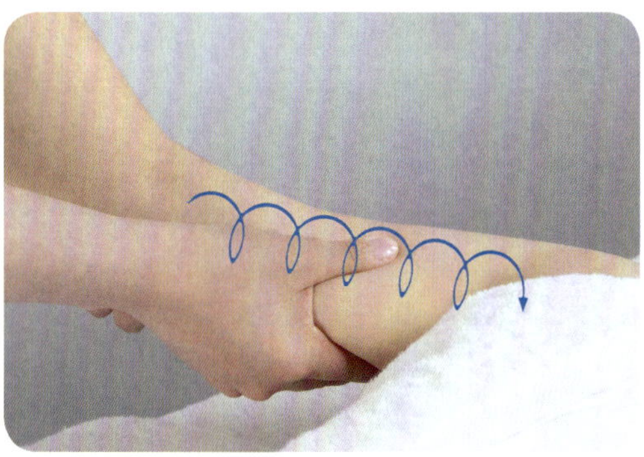

3-3 揉捏肱二头肌。一手托住顾客手肘，另一手从下到上揉捏肱二头肌。

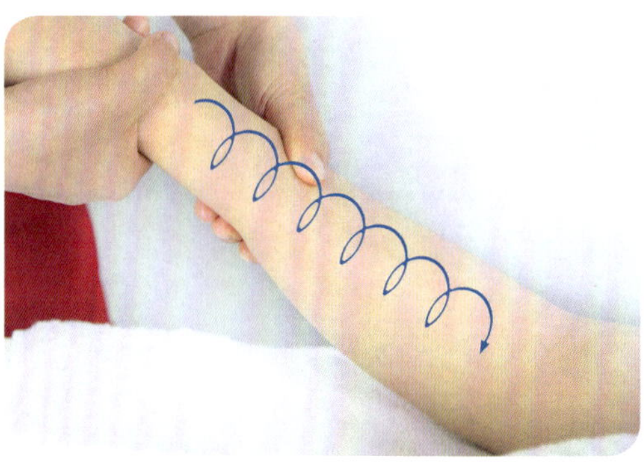

4 摩擦小臂。美容师双手由顾客大臂按抚到小臂，一手托住顾客手腕，另一手拇指从下到上打圈，分别摩擦小臂内侧和外侧肌群。

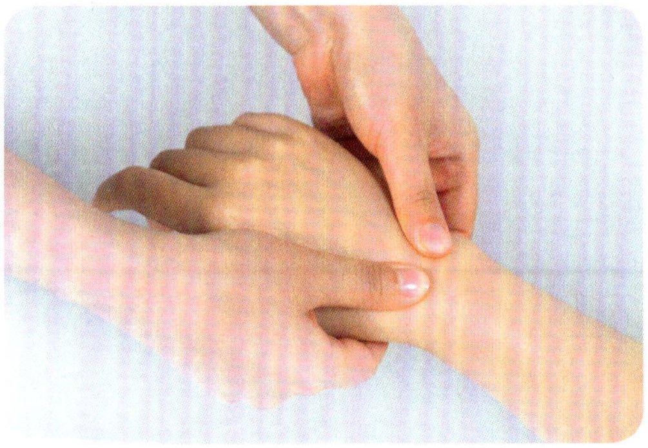

5 手部

5-1 摩擦手腕。按抚手腕，美容师拇指向上向外打圈摩擦手腕。

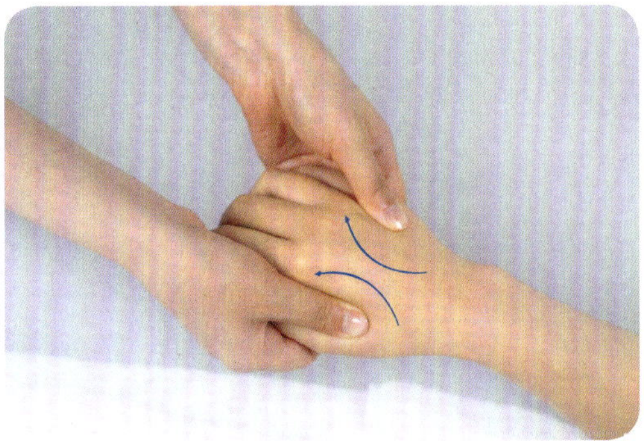

5-2 推骨间背侧肌。拇指交替向前推或向后拉抹骨间背侧肌。

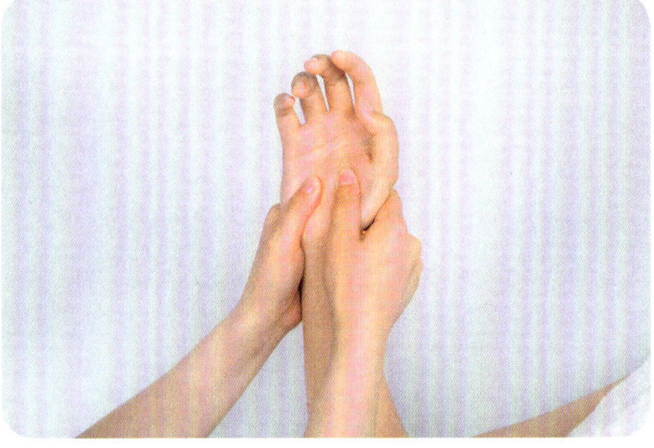

5-3 摩擦手掌。双手分别握住顾客手部大小鱼际，拇指交替向外打圈摩擦手掌。

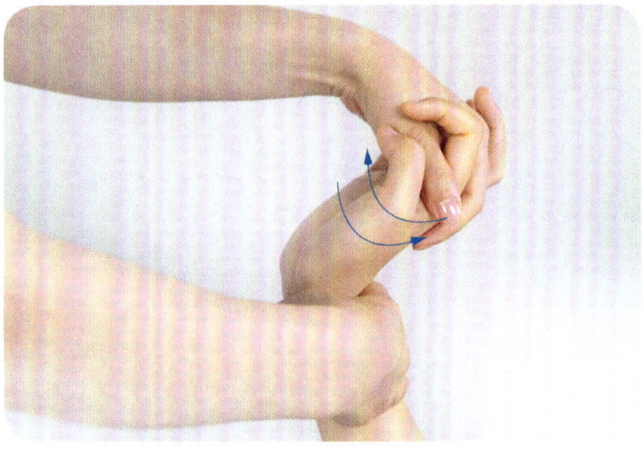

5-4 放松手腕。一手托住顾客手腕，另一手与顾客十指相扣，分别按顺时针、逆时针方向缓慢转动手腕。

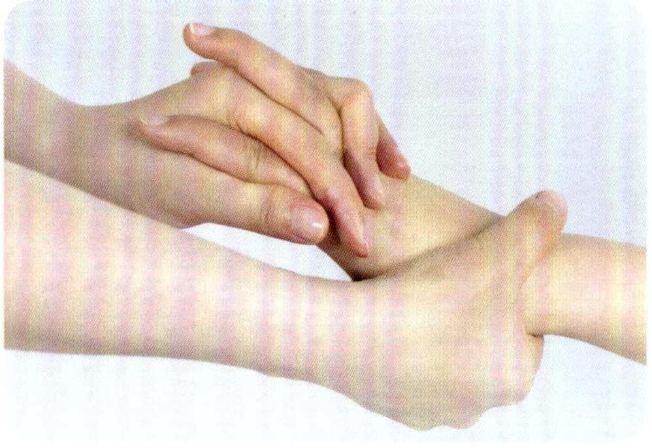

5-5 拉伸手臂。一手托住顾客手腕，另一手与顾客十指相扣，向后拉伸手指手臂，拉伸放松手指，然后将整个手臂缓缓放下。

5-6 按抚深压结束。按抚整个手臂至手指并从指尖缓缓移出，盖好床单后深压手臂结束。

5-7 手部清洁。使用热毛巾彻底清洁按摩油。

瑞典式按摩评分表

评分项	最高分	子标准评分项描述	次数及评分					
J1	2	顾客维护：护理全程始终保持顾客的安全与舒适，胸部、底裤及隐私部位皮肤不暴露。						
J2	2	按摩手法：手法、力度、变化适合顾客需要，舒适、有效。						
J3	2	按摩技术：按摩时自信，动作平稳、流畅、熟练、有节奏感。						
J4	2	按摩姿态：按摩姿态正确，肩膀自然放松、背部保持直立，膝盖自然弯曲，动作与身体协调。						
J5	2	按摩动作：操作部位准确，能够根据肌肉和部位的不同选择适合的按摩动作。						
J1～J5 等级配分：0 分；1 分；1.5 分；2 分。								
合计	10	得分：						

Notes

第二节　热石背部按摩

实操内容

物品准备

1. 大毛巾 4 张、中毛巾 6 张、玻璃碗、纸巾、消毒湿巾、发带、浴帽
2. 大中小号热石、冷石、热石锅、勺子
3. 温度计

产品准备

1. 按摩油
2. 手部免洗消毒凝胶

一、护理前准备

1 热石准备。美容师提前 30 min 至 1 h 加热热石，温度恒定在 45 ~ 55 ℃。操作过程中随时观察温度计并调整温度在规定范围内。检查热石锅温度，准备好冷石和半碗凉水（若热石太烫可放入冷水中降温）。

2 顾客准备。将毛巾或软胶垫放置在床头洞口，帮助顾客翻身，面部朝下放进床头洞口以方便呼吸，脚踝下放置脚枕，胸部两侧放置毛巾保护胸部，保护好顾客隐私，确保顾客安全、舒适、温暖。使用热毛巾或消毒湿巾清洁或消毒顾客双脚。

二、热石背部按摩

观看热石背部按摩的操作视频请用微信扫下方二维码。

1 深压放松。美容师双手掌放于顾客背部中间，深呼吸，调整自己呼吸频率与操作节奏；双手掌由顾客背部中间向外滑至臀部和肩部，向下向外用力，舒展放松背部肌肉。

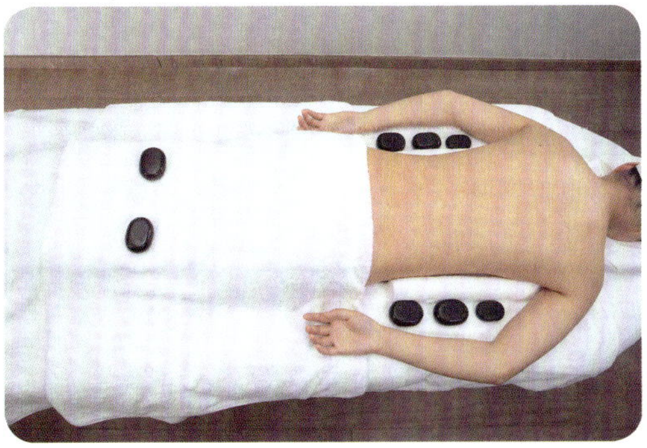

2 放置热石。取两块中号热石放置于腘窝处温热腘窝，将四块中号热石、两块小号热石分别放置于腰部两侧床单上方便按摩时取用，热石与顾客皮肤保持一定距离，以防烫伤。

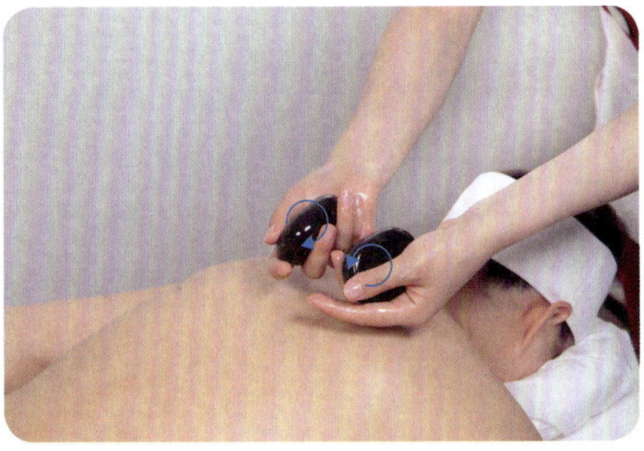

3 展油（传热）。取适量按摩油在手心，将所有热石分别在手心快速转动温热按摩油，放下热石将按摩油在背部均匀展开。如果按摩油不够或热石太烫可以重复以上动作以降低热石温度。

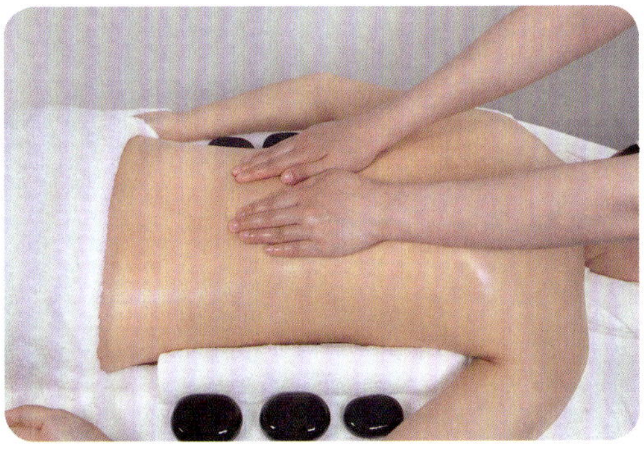

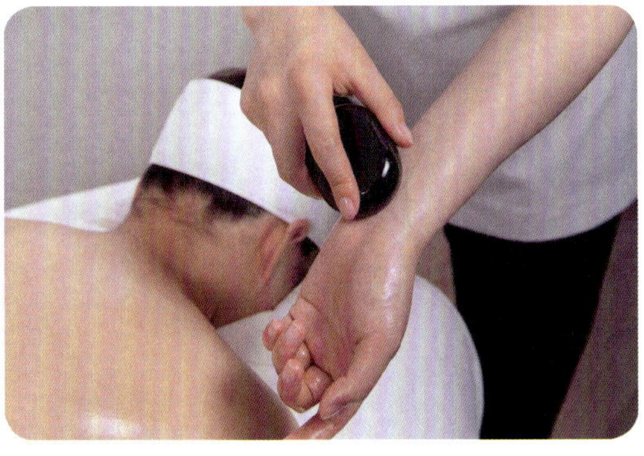

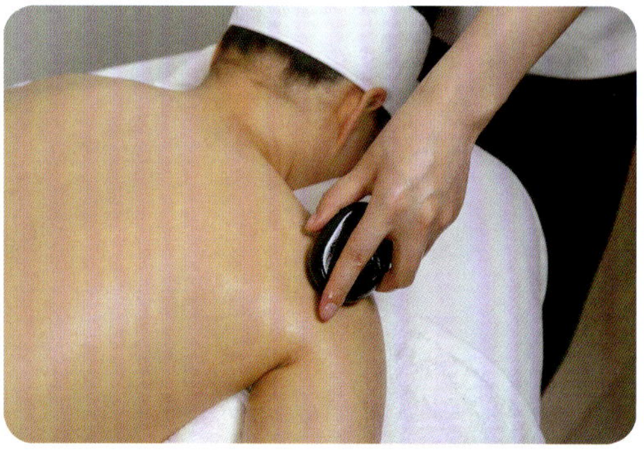

4 测试温度。美容师先在自己手臂内侧测试温度是否合适，再在顾客身上测试温度，询问顾客温度是否合适。将取石、试温融入按摩过程，可以使顾客体验感及舒适感更好。

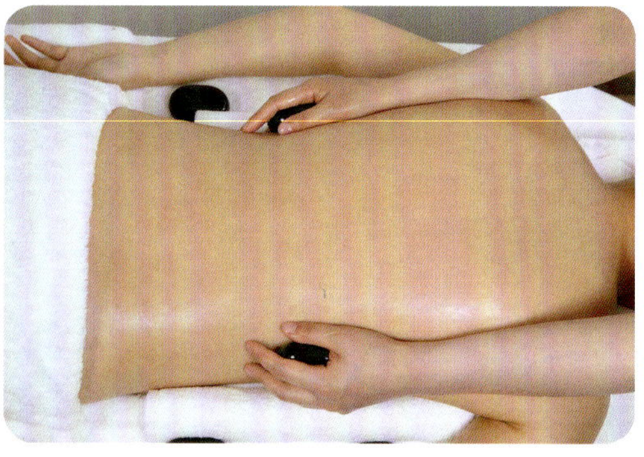

5 按抚。美容师双手手掌压住热石，在顾客上背部来回移动直至顾客适应热石温度，双手并排从斜方肌推至腰部，沿腰从背部两侧回到肩膀。

6 背部按摩

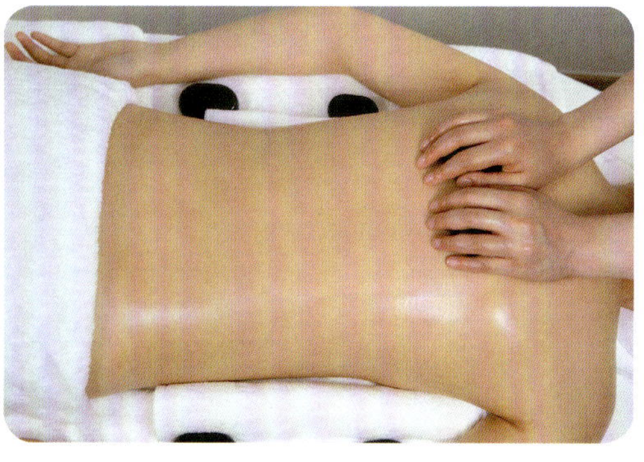

6-1 平压肩胛骨缝。美容师将热石从肩膀滑到肩胛处停留 2～3 s，分小段深压肩胛并前后震动热石传递温度。

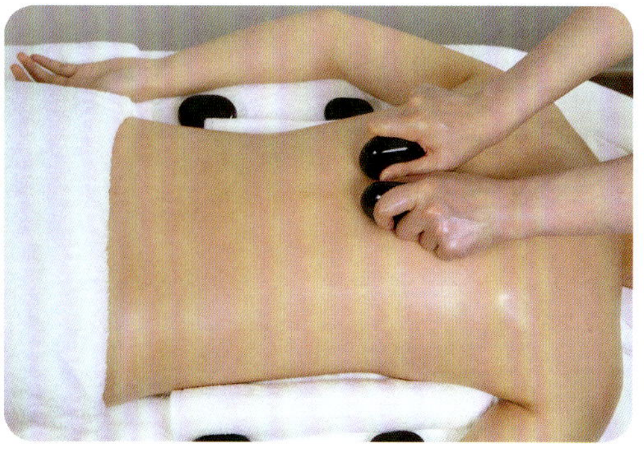

6-2 立推竖脊肌。双手转动热石，用热石侧面并排从斜方肌向下推竖脊肌至腰部，再在尾椎向下向外打圈放松腰部。

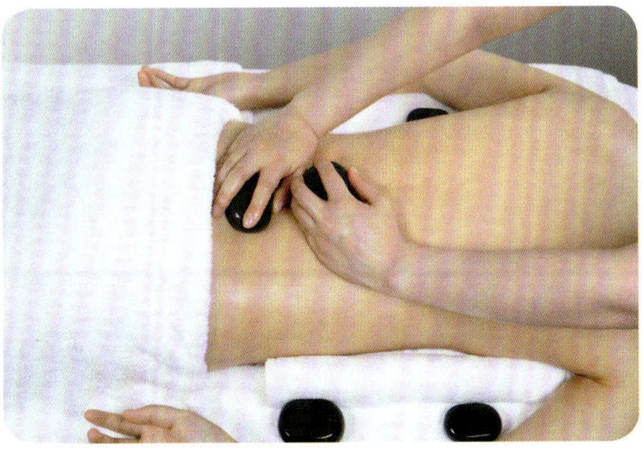

6-3 放置热石。双手包腰从背部两侧回到脖子，将热石一前一后等距离放置在腰部中央。

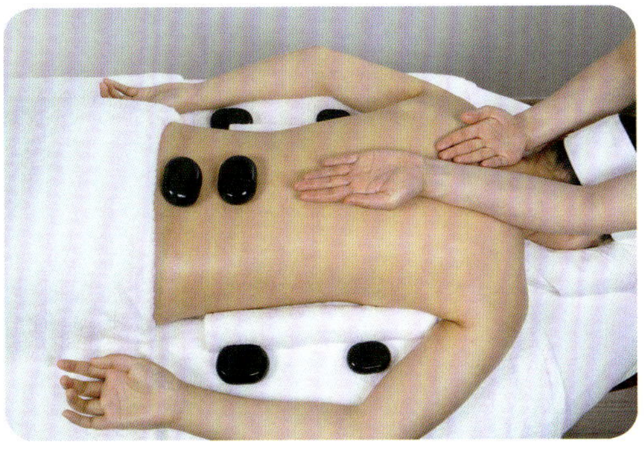

7 肩颈部

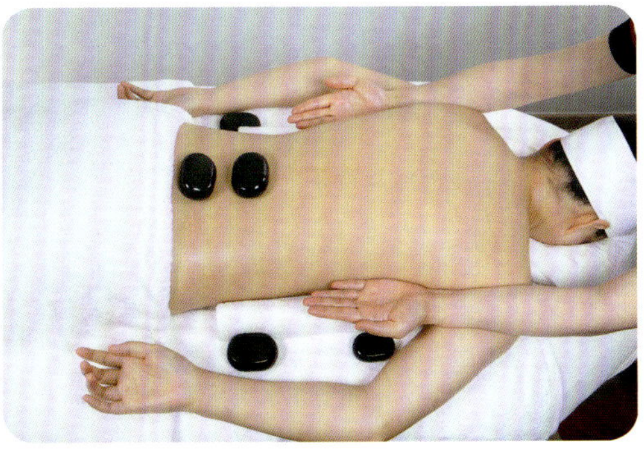

7-1 手臂推斜方肌。美容师用双手手背及手臂交替向上推斜方肌和肩胛。双手手臂来回摩擦三角肌，放松整个肩部。

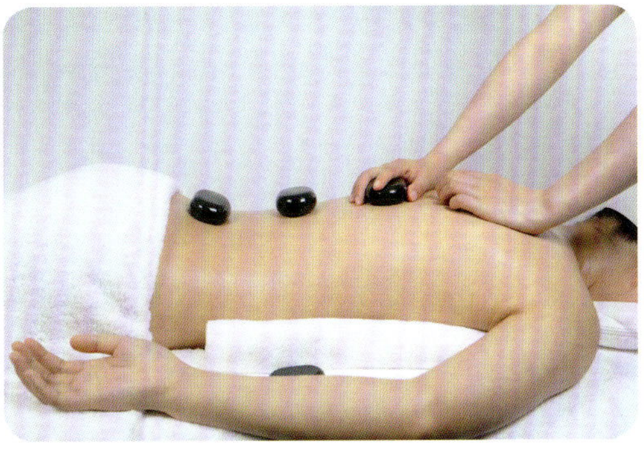

7-2 放置热石。取另一组热石在手掌，握住热石在背部来回移动直至顾客适应热石温度，将热石前后等距离放置在背部中央。

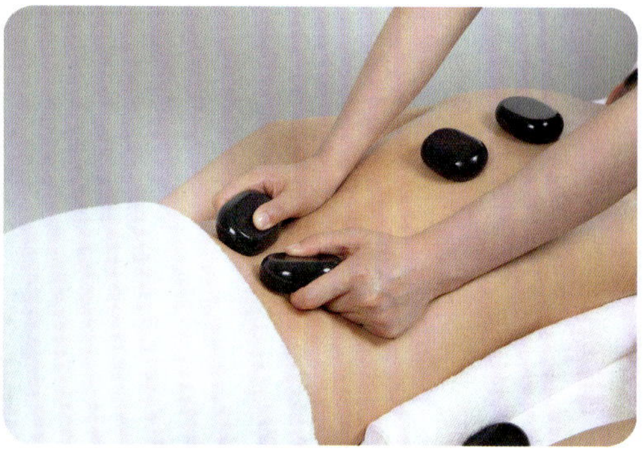

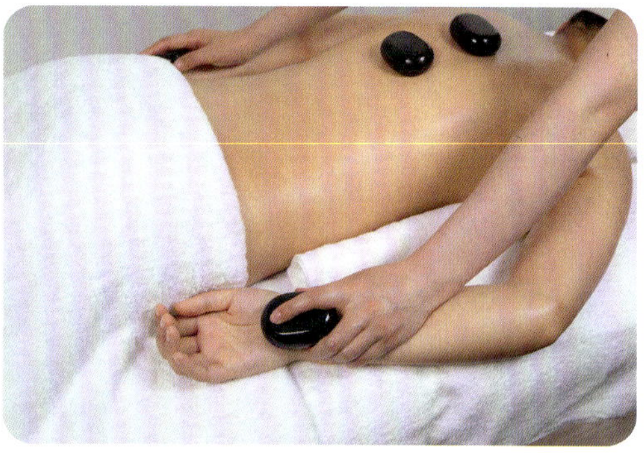

7-3 换置热石。使用腰部两块热石侧面推尾椎后将热石转为平面，平推臀部肌肉。最后将热石从背部两侧滑至手臂，将热石顺势放置在顾客手心。

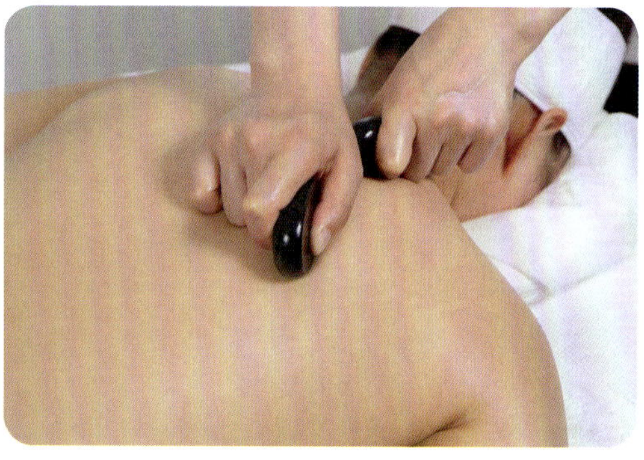

7-4 立推肩胛。使用背部剩余两块热石，按抚背部到肩胛，双手一前一后分别正推、倒推肩胛骨缝。

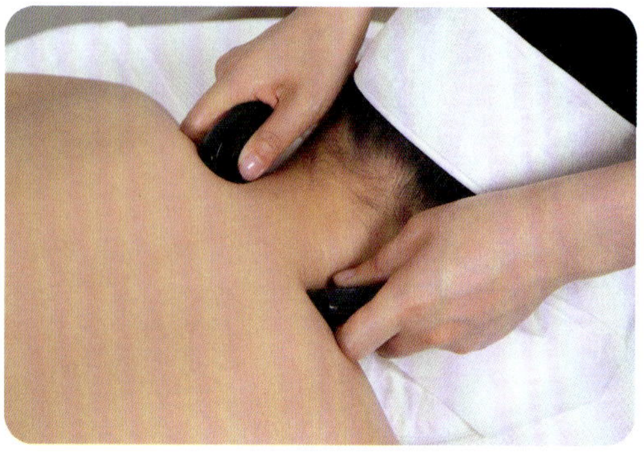

7-5 立刮斜方肌。使用热石侧面向外刮斜方肌，放松斜方肌。

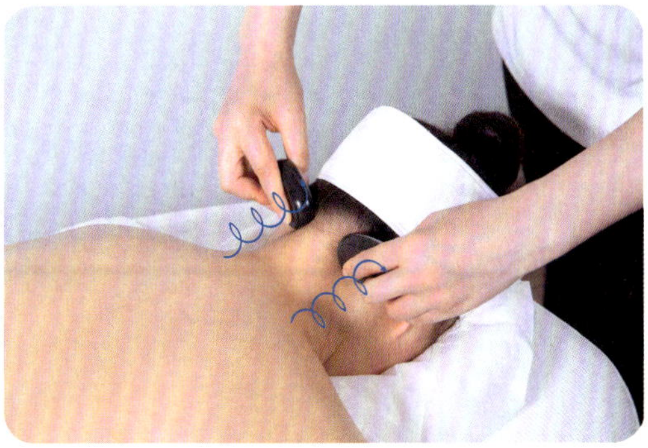

7-6 摩擦颈侧肌肉。使用热石侧面打小圈摩擦颈部两侧肌肉，然后顺势将热石放在颈部两侧。

8 腰部

8-1 按抚。美容师双手压住热石向上向外划大圈安抚腰部。

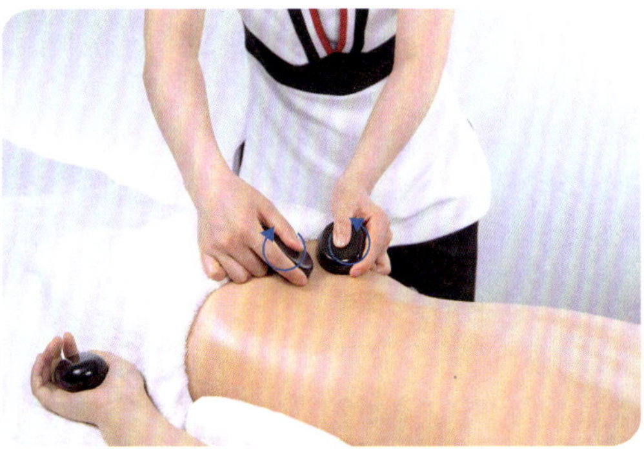

8-2 摩擦尾椎和腰部。使用热石侧面向上向外打小圈摩擦腰部和尾椎后顺势将热石放在腰部两侧。

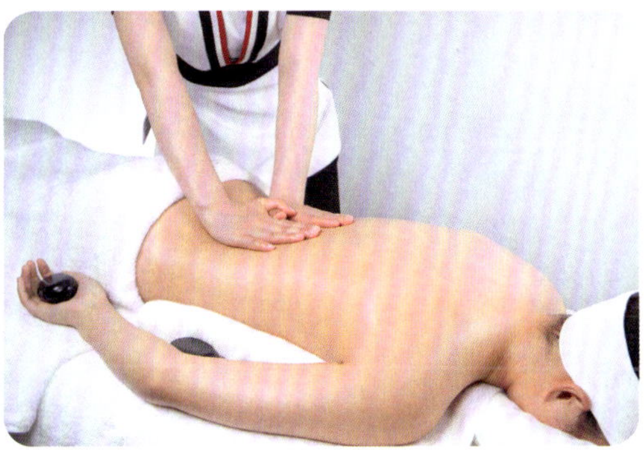

8-3 按抚深压。双手掌按抚整个背部，沿肩膀滑至手臂，顺势取下顾客手中热石。盖好床单后深压背部结束。腿部、手臂、面部热石按摩同理，详见操作视频。

三、结束工作

1 美容师将热石放回锅内，关闭电源；护送顾客到休息区并叮嘱顾客多喝温水，及时补充水分。

2 记录顾客的资料并归档，告诉顾客家居护理注意事项；将工作区域收拾干净整洁，消毒、清洗热石。

热石按摩可用于多个部位，腿部后侧，腿部前侧，前胸、面部，手臂和腹部的操作视频请扫下方二维码。

热石背部按摩评分表

评分项	最高分	子标准评分项描述	次数及评分					
M1	1	顾客维护：护理全程始终保持顾客的安全与舒适，胸部、底裤及隐私部位皮肤不暴露。随时询问顾客热石温度，护理结束后叮嘱顾客多喝水。						
M2	1	结束工作：关闭电源，将工作区域收拾干净，消毒、清洗热石。						
J1	2	热石技术：热石形状和大小的选择适合相应部位，换石流畅，换石及握石按摩时石碰量极少。						
J2	2	热石按摩技术：深度、力度、服帖平稳、熟练流畅、节奏感好，热石疗法和按摩手法的选择适合顾客的需要。						
J3	2	按摩姿态：全程保持良好姿态，肩膀放松，背部、颈部保持直立，膝盖弯曲，动作与身体协调且进退自如。						
J4	2	热石按摩及放置：自由式。在顾客背部、膝盖后弯、脚部、胸口、肚脐、第3眼、锁骨、前三角肌和手心等部位放置热石，前后至少各放3块，根据顾客的需要选择放置位置。						
J1～J4 等级配分：0分；1分；1.5分；2分。								
合计	10	得分：						

Notes

第三节　草药球背部按摩

实操内容

物品准备

1. 棕色毛巾两条
2. 蒸锅
3. 草药球 2～3 个
4. 纸巾、消毒湿巾
5. 玻璃碗

产品准备

按摩油

一、护理准备

草药球准备。使用前先将草药球用水完全浸湿，然后放入蒸锅中蒸 30～45 min，或用微波炉加热 2～5 min，使草药蒸透变软。

二、背部按摩

观看草药球背部按摩的操作视频请用微信扫下方二维码。

1 按抚放松。美容师将按摩油在顾客背部均匀展开，按抚放松整个操作部位。

2 草药球取用。可根据需要选择单个或两个草药球进行操作。从锅中取出两个草药球，手握球柄的部位，将草药球放置在干净的棕色毛巾上，用毛巾包裹草药球，将表面的水分充分吸干。

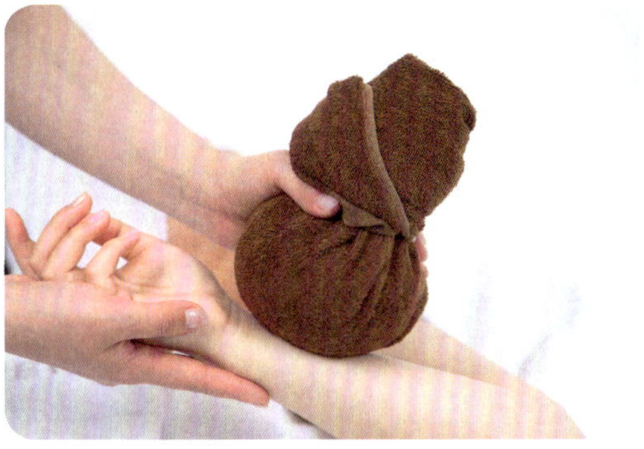

3 测试温度。用干净的棕色毛巾包裹草药球隔热，以防止过热烫伤皮肤。美容师先在自己手腕内侧测试温度，再在顾客操作部位测试温度，并询问顾客温度是否合适。

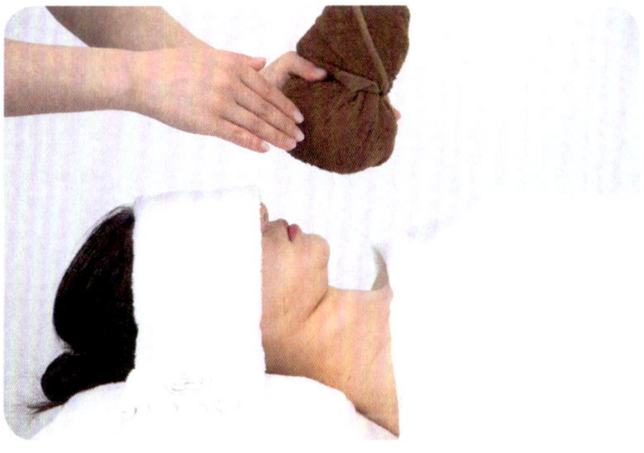

4 吸嗅。将草药球放置在距顾客口鼻一拳左右的位置，引导顾客深呼吸 2 ~ 3 次，目的是使顾客吸嗅草药球芳香，尽快进入放松状态。

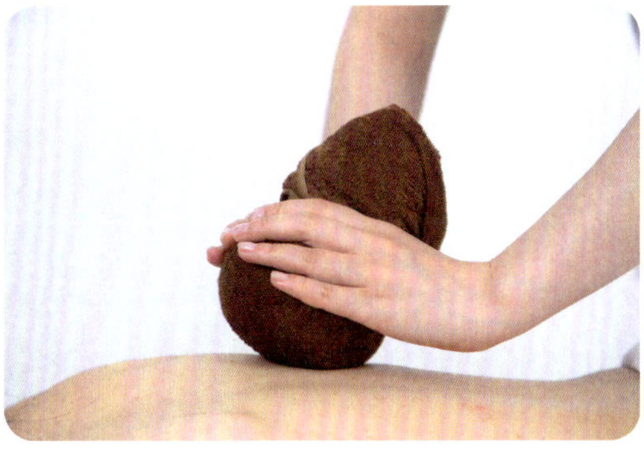

5 草药球进入。用包裹好的草药球在顾客背部轻快地做来回点压。待草药球温度合适后，将棕色毛巾打开，直接用草药球按摩。

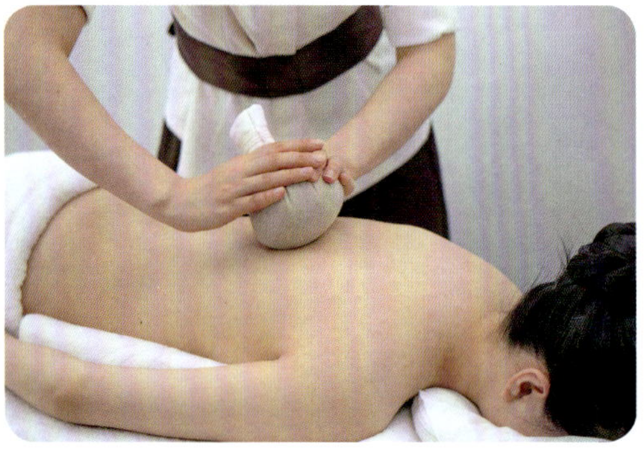

6 揉按竖脊肌。双手重叠拿住草药球把手，沿背部中线，从尾椎至颈部按压、揉推竖脊肌，力度深沉、缓而平稳。

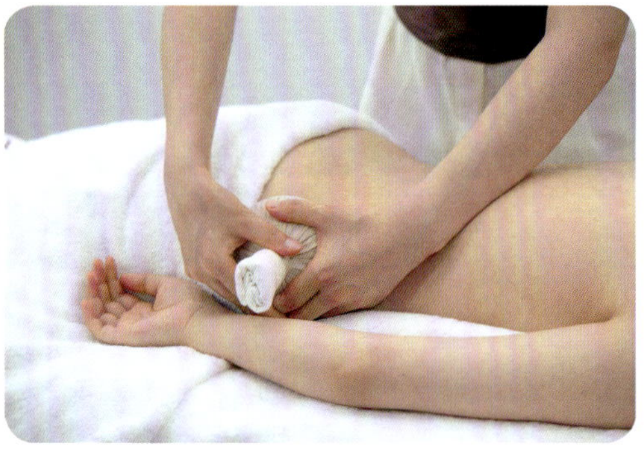

7 揉推臀部。将温热球体平面放置于臀部一侧，揉按臀部肌肉至另一侧，放松整个臀部。

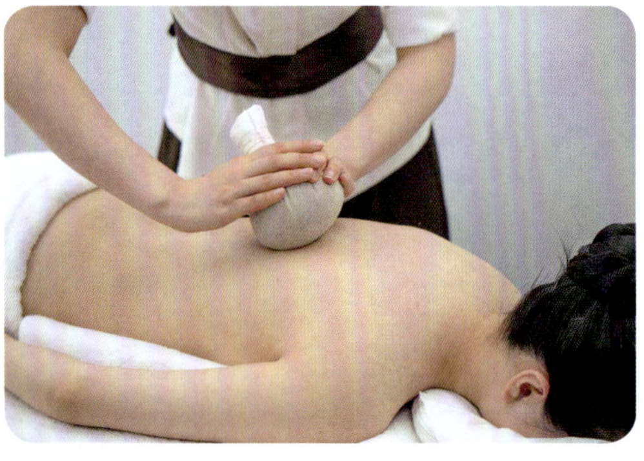

8 按压肩胛骨缝。双手拿住草药球沿肩胛骨缝有序地滚动按压。

9 更换草药球。按摩一定时间后，可将还有余温的草药球放在主要穴位上热敷，再拿取另外一个球继续按摩。

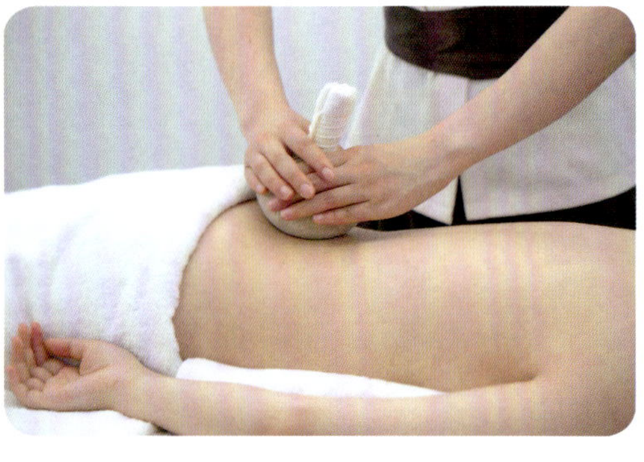

10 放置草药球。揉按背部中线，从颈椎揉按至腰椎，最后将草药球放置于腰椎热敷 1～2 min，按摩结束。

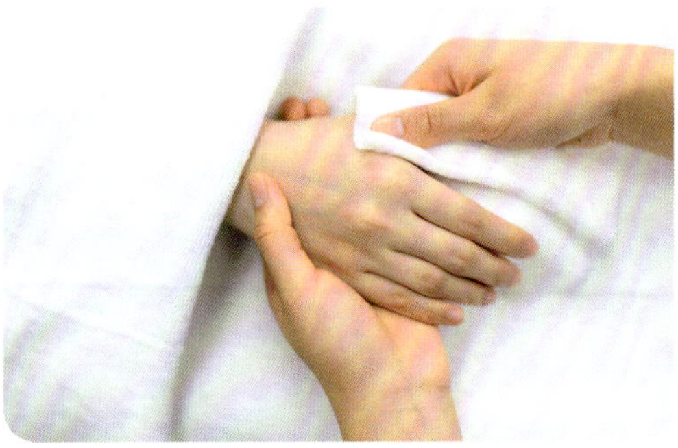

11 清洁双手。用温度合适的热毛巾清除顾客手上的油脂。

三、结束工作

1 将草药球放在锅内，关闭电源；护送顾客到休息区并叮嘱顾客多喝温水，及时补充水分。

2 记录顾客的资料归档，告诉顾客家居护理注意事项。将工作区域收拾干净，消毒工作区域。

草药球按摩也可应用于腿部，操作视频请用微信扫下方二维码。

草药球背部按摩评分表

评分项	最高分	子标准评分项描述	次数及评分					
M1	1	顾客维护：护理全程始终保持顾客的安全与舒适，底裤及多余皮肤不暴露。						
M2	1	测试温度：美容师先在手臂内侧测试温度，然后在顾客的操作部位测试温度。						
M3	1	结束工作：关闭电源，将工作区域收拾干净，消毒工作区域。						
J1	2	按摩手法：手法、力度、变化适合顾客皮肤需要，舒适、有效。						
		等级配分：0 分；1 分；1.5 分；2 分。						

续表

评分项	最高分	子标准评分项描述	次数及评分					
J2	3	按摩技术：按摩时自信，动作平稳、流畅、熟练、有节奏感。						
		等级配分：0分；1分；2分；3分。						
J3	2	按摩姿态：全程保持良好姿态，肩膀放松，背部、颈部保持直立，膝盖弯曲，动作与身体协调且进退自如。						
		等级配分：0分；1分；1.5分；2分。						
合计	10	得分：						

Notes

第四节　腰腹部按摩

实操内容

物品准备

1. 纸巾、消毒湿巾
2. 玻璃碗

产品准备

按摩油

一、护理准备

护理前美容师将护理所需产品及物品准备整齐，产品取量适中；操作前美容师消毒或清洗双手；在顾客膝盖下放置脚枕，将顾客底裤和胸部遮盖整齐，暴露腹部，清洁皮肤。

二、腰腹部按摩

1 按抚放松。美容师取适量按摩油，均匀地在腹部展开，按抚放松整个操作部位，力度和节奏与顾客呼吸频率一致，操作平稳流畅。

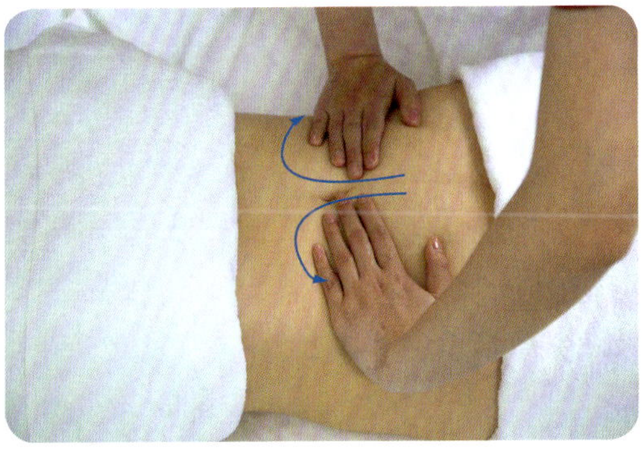

2 掌推腹部

手横位。双手四指并拢，指尖向前，全掌着力于脐下小腹部，双手同时用力上推，然后双手分开，通过骨盆的髂前上棘的内侧，沿髂嵴前进，至肋骨下（小指可触及肋骨）。

2-1

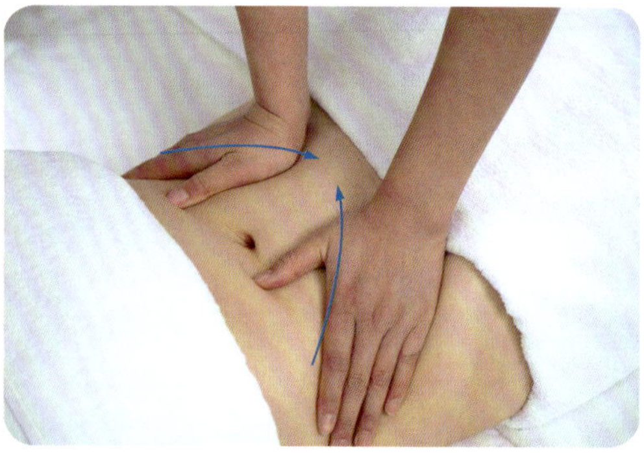

2-2 双手同时向外侧旋转 180°，拇指卡在第 12 肋骨下，双手四指托住腰部抖腕，用爆发力向上提一下，双手放松并按原路径返回，复位。

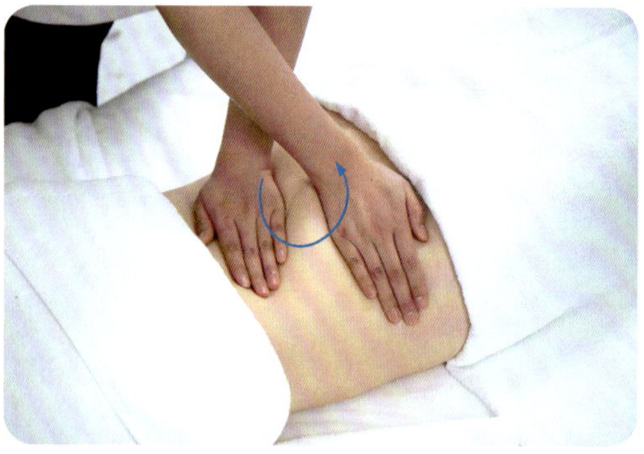

3 掌揉腹部。右手自然平伸，四指并拢，全掌着力于腹部，以顺时针、逆时针方向快速进行掌揉，同时左手四指指腹着力辅助配合。

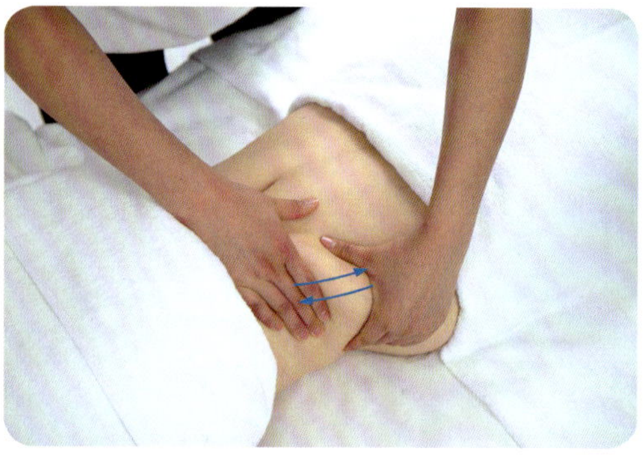

4 揉捏腰侧。双手虎口对捏腰侧，手掌尽可能紧贴于皮肤。

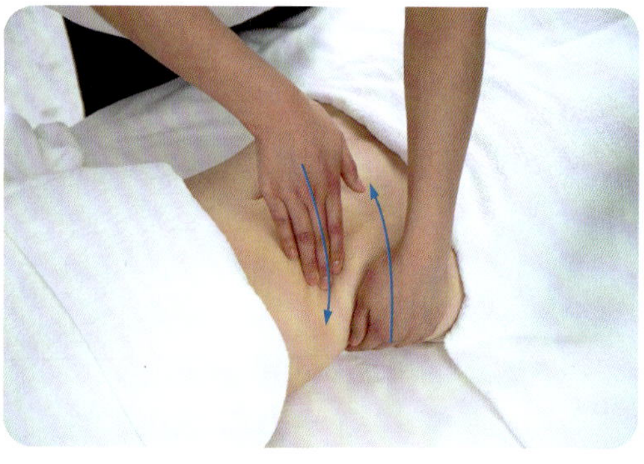

5 提拉腰侧。双手掌掌跟交替用力提拉腰侧，反手操作另一侧。

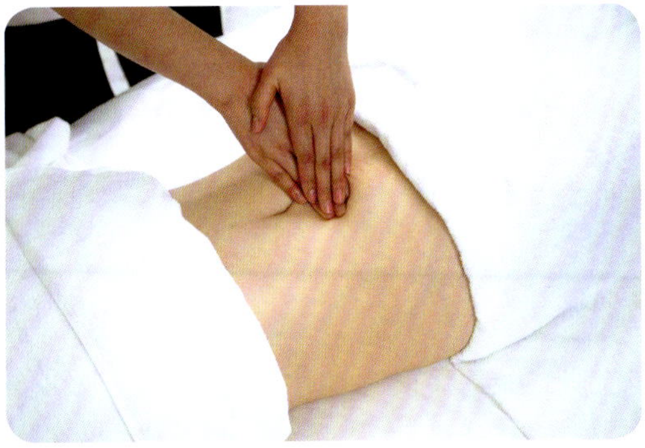

6 脐周打圈按压。按抚腹部，美容师站侧位，一手沿脐周打圈，另一手按抚；五指并拢，叠掌用指端按压刺激脐周穴位——天枢、大横、建里、下脘、水分、气海、关元、水道、归来。

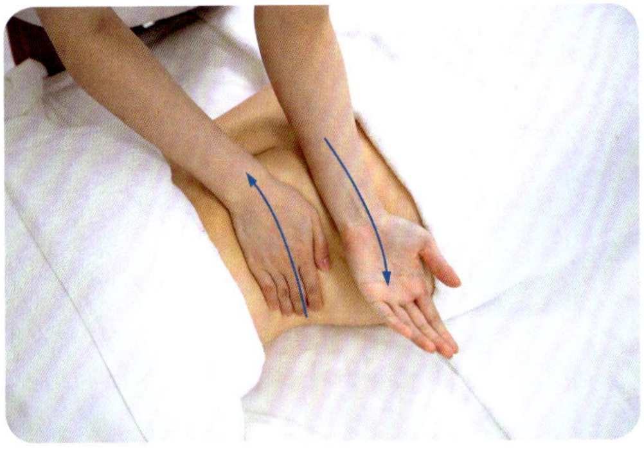

7 提脂推脂。双手五指并拢，一手掌心向下从腰侧处向内提拉，另一手手背同时从另一侧向内推挤，双手交替进行。

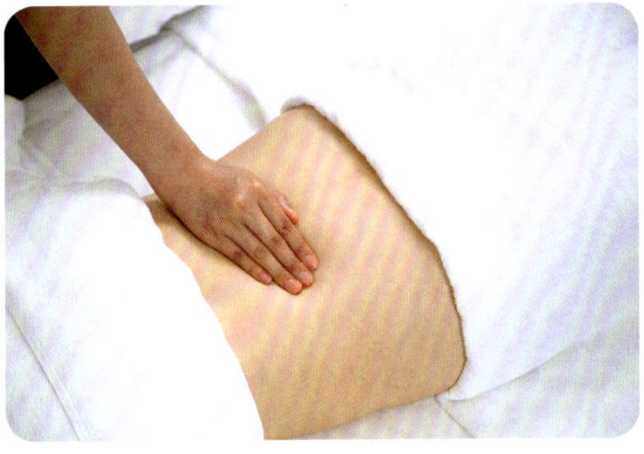

8 按抚结束。腰腹部按摩结束后，使用双手掌以打太极的方式，轻轻按抚整个腹部，将双手搓热，用手掌温热肚脐结束。

三、结束工作

护送顾客到休息区，记录顾客的资料并归档，告知顾客家居护理注意事项。将工作区域收拾干净，消毒所有工作区域。

腰腹部按摩评分表

评分项	最高分	子标准评分项描述	次数及评分					
M	2	顾客维护：护理全程保持顾客安全与舒适，底裤及多余皮肤不暴露。						
J1	3	按摩手法：手法、力度、变化适合顾客皮肤需要，舒适、有效。						
		等级配分：0 分；1 分；2 分；3 分。						
J2	3	按摩技术：按摩时自信，动作平稳、流畅、熟练、有节奏感。						
		等级配分：0 分；1 分；2 分；3 分。						
J3	2	按摩姿态：全程保持良好姿态，肩膀放松，背部、颈部保持直立，膝盖弯曲，动作与身体协调且进退自如。						
		等级配分：0 分；1 分；1.5 分；2 分。						
合计	10	得分：						

Notes

第五章

手足护理

第一节　手部护理

实操内容

观看手部护理的操作视频请用微信扫下方二维码。

物品准备

1. 热毛巾柜
2. 垫纸、纸巾、棉片
3. 剪刀
4. 计时器
5. 大小玻璃碗、泡手碗
6. 橙木棒、砂条、海绵锉
7. 保鲜膜、手膜刷
8. 美甲金属工具

产品准备

1. 抗菌手部啫喱、消毒喷雾
2. 卸甲水
3. 去角质膏、按摩膏
4. 指皮软化剂（去指皮液）、表皮滋润霜
5. 手膜、手霜

一、护理前准备

1 物品准备

美容师将手部护理产品、垫枕和消毒后的工具整齐地摆放在美甲桌上，可使用

1-1 一次性毛巾或垫纸对手枕进行包裹。

打湿需要使用的毛巾后将其放进热毛巾柜加热，若没有热毛巾柜也可直接用热

1-2 水加热。在泡手碗中注入温水。

2 美容师准备。美容师按七步洗手法清洗或消毒双手。

3 顾客准备。引导顾客落座，操作前消毒顾客双手。

二、手部护理

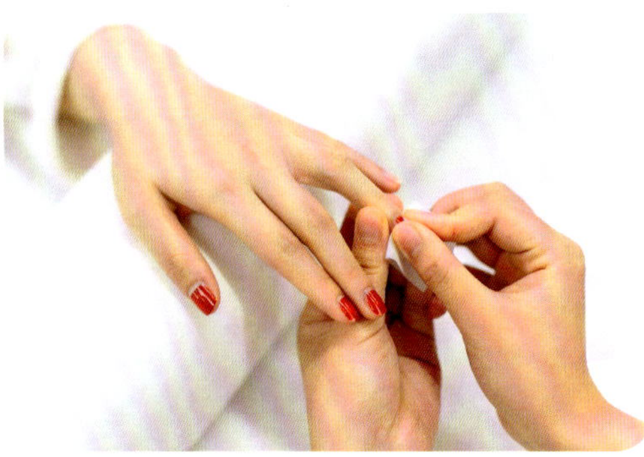

1 美容师去除顾客原有甲油或甲油胶。

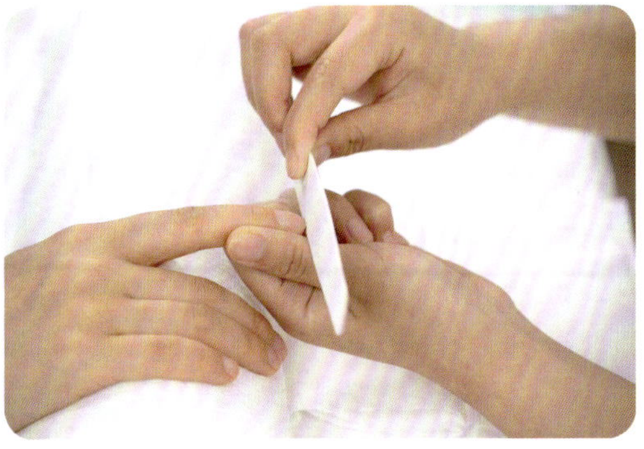

2　修形

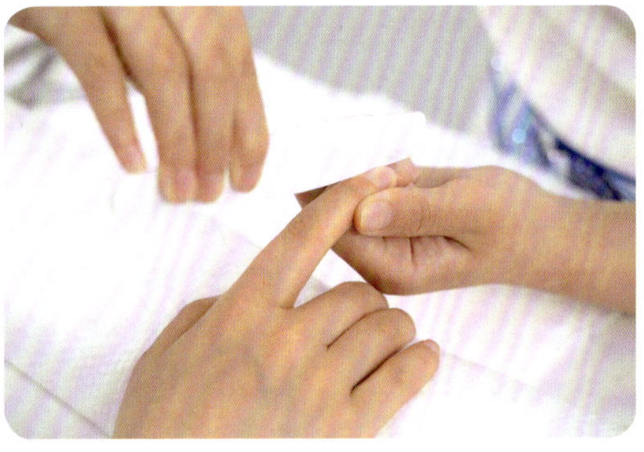

2-1 美容师观察顾客 10 根手指指甲长度，与顾客确认需要的长度及形状，使用指甲钳修剪指甲到适宜长度。

2-2 根据顾客的指甲条件和需求，用砂条由两侧向中间单向修磨指甲。

2-3 将指甲竖立，正面或反面观察，确保 10 个指甲形状及长度一致，且无歪斜。

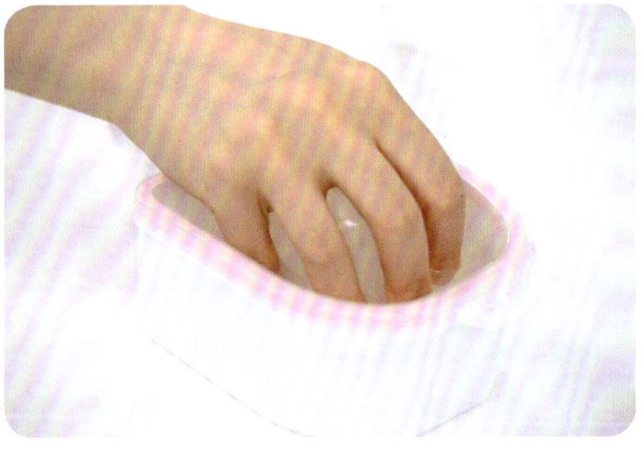

3 泡手。将顾客修整完指甲的手放进泡手碗里。进行另一只手指甲的形状修整，注意双手指甲形状要保持一致。

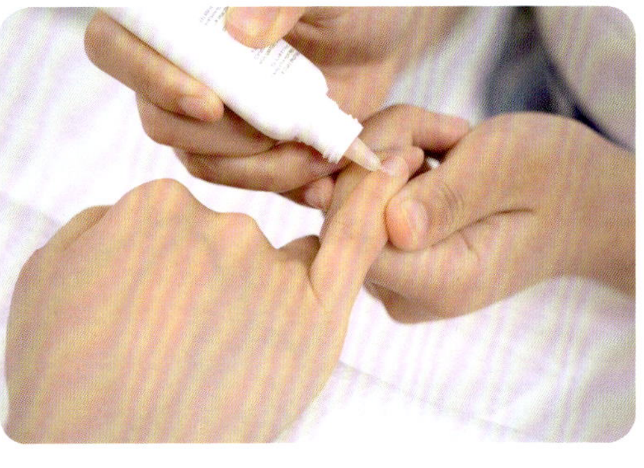

4 涂抹软化剂。根据产品使用说明选择在泡手前或泡手后涂抹软化剂。

4-1 取出泡手碗里的手，用纸巾将手上的水分擦干，并将另一只修整好形状的手放入泡手碗。

4-2 取适量软化剂，涂抹在每根手指的指皮上，用手指指腹揉开软化剂。

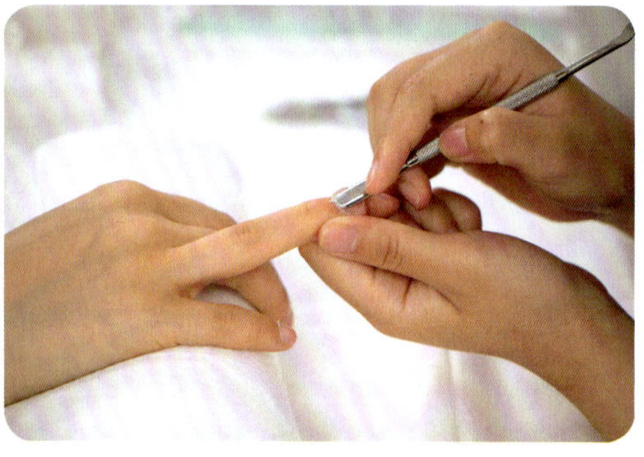

5 推指皮。使指皮推与甲面成 45°，用适当的力度推起指皮，甲面无划痕，询问顾客力度是否合适。

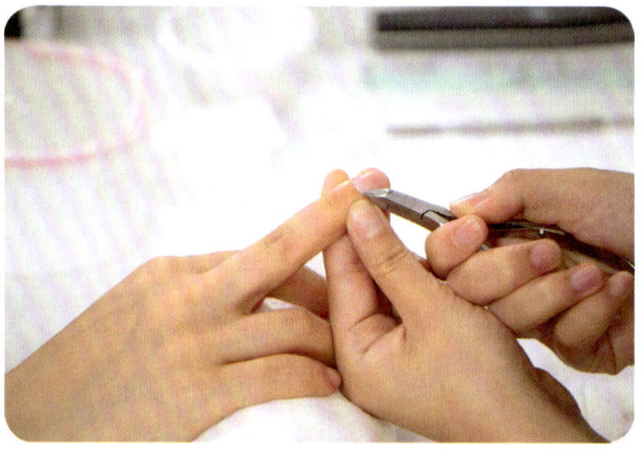

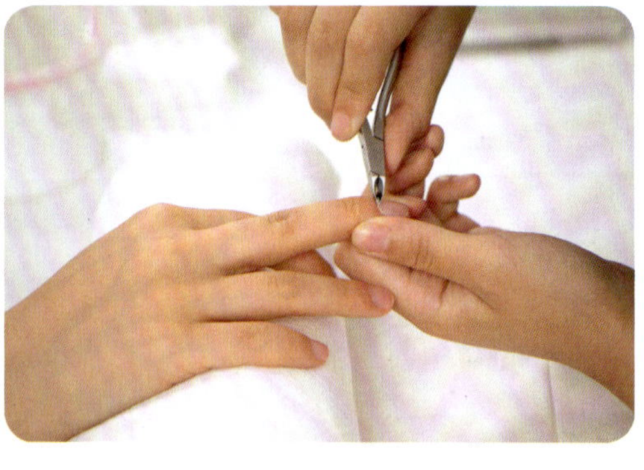

6 剪指皮。用指皮剪剪去多余的指皮及手指周边翘起的硬皮，无拉扯动作，以免损伤顾客的皮肤。

7 将另一只手从泡手碗中取出并用同样的方法修形去指皮。

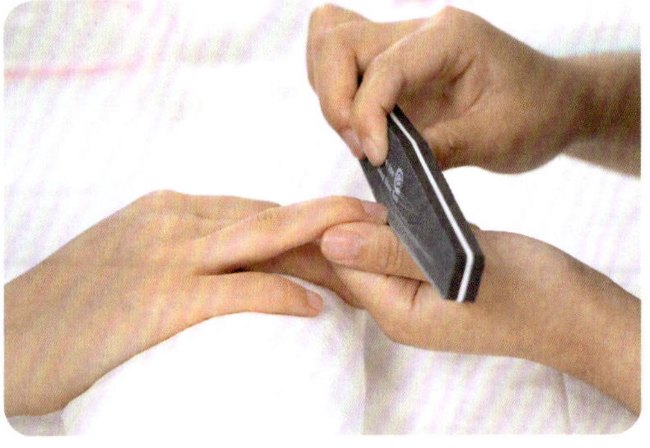

8 去除毛边。用海绵锉的侧面边缘去除指甲毛边，使指甲边缘光滑、平整。

9 打磨甲面。用海绵锉的平面顺着甲面生长方向磨平甲面，再用橙木棒清洁指甲前缘，确保指甲无污垢。

10 涂抹指皮滋润霜滋润指甲后缘。

11 手部去角质

11-1 美容师取适量去角质膏，以打圈揉搓的方式依次由手指到手肘去角质两遍。对于肘关节与指关节角质较厚处可重点加强，动作力度不宜过大，注意控制操作的范围。

11-2 使用热毛巾将产品和皮屑清洁干净或者陪同顾客去洗手池清洁。

12　手部按摩

观看手部按摩的操作视频请用微信扫下方二维码。

12-1 按摩前准备。美容师将顾客手肘安全舒适地放置在垫枕上，顾客身体不过度拉伸，露出按摩的部位，美容师调整呼吸及按摩节奏；取适量按摩膏在手心温热，均匀地在手部展开。双手掌同时从顾客手腕到手肘包裹整个手臂，从手臂两侧滑至指尖，放松整个操作部位。

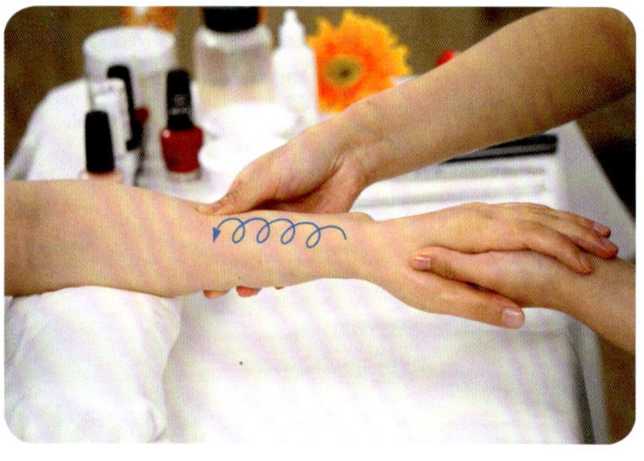

12-2 摩擦手臂。一手握住顾客手掌，托起顾客手臂，另一手拇指着力从手腕至手肘向上打圈，放松手臂肌肉。

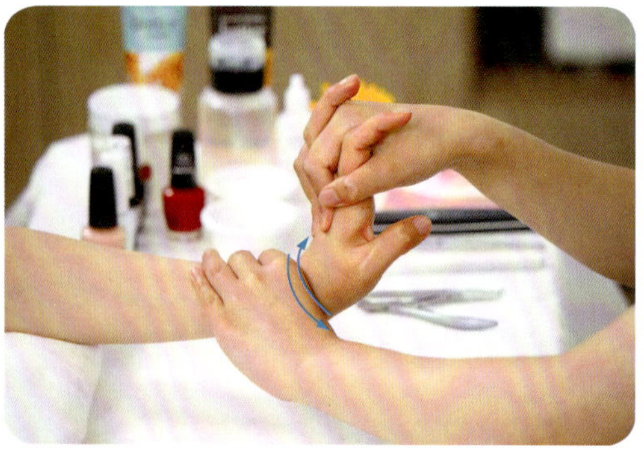

12-3 旋转手腕。一手虎口护住顾客手腕，另一手与顾客十指相扣，按顺时针、逆时针方向缓慢转动，放松手腕。

12-4 摩擦手掌。将顾客手掌朝上，一手托住顾客手背，另一手四指指腹以打圈的方式在顾客掌心向下用力，放松手掌。

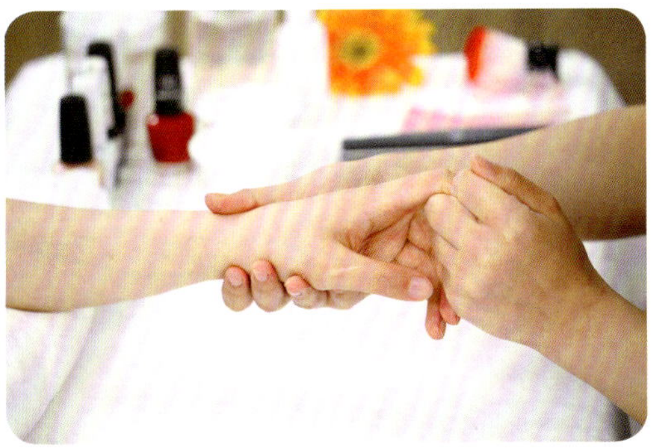

12-5 揉按手指关节。一手扶住顾客手腕，另一手拇指与食指着力依次打圈揉按每一个指关节。

12-6 按抚结束。以按抚法按抚手部结束按摩，按摩时间为 10 ~ 15 min。

13 手部敷膜及包裹

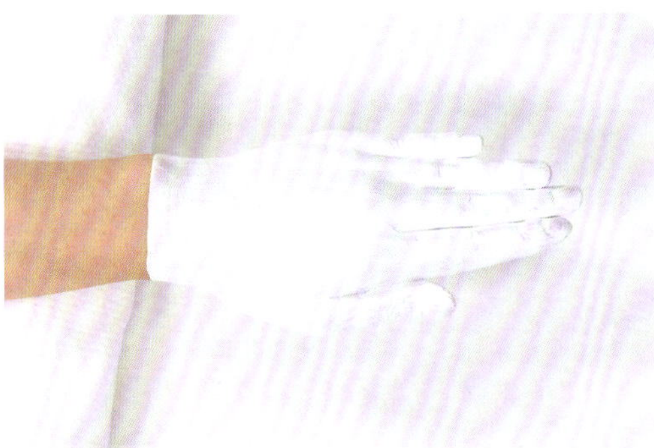

13-1 敷膜。美容师取适量手膜，用刷子均匀地涂抹在手腕及手指上，厚薄均匀、无产品堆积。

13-2 包裹。用大小合适的手膜袋或保鲜膜服帖紧实地包裹涂抹的部位。停留 10 ~ 15 min，可戴加热手套辅助产品吸收。

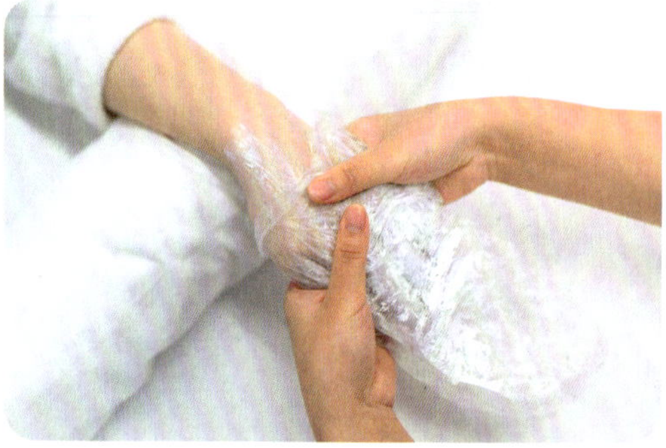

14 手膜卸除。去除手膜袋或保鲜膜，并利用手膜袋或保鲜膜顺势将大部分手膜去除。用热毛巾热敷整个手部后，再彻底清洁手膜。

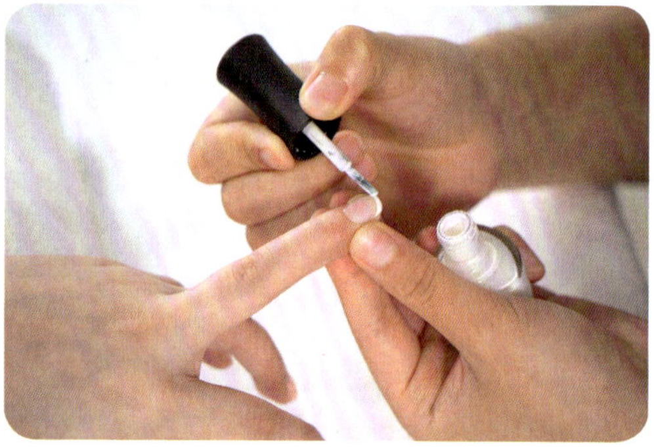

15 涂抹甲油。根据顾客的需求选择颜色涂抹甲油。操作过程中美容师身体自然放松、不过度弯曲。

16 涂抹手霜。取适量手霜，均匀地涂抹在顾客手部，按摩至产品吸收，皮肤滋润不油腻。

17 结束工作。记录顾客的资料并归档，将工具产品及工作区域收拾干净并消毒。

手部护理评分表

评分项	最高分	子标准评分项描述	次数及评分					
M1	0.5	护理准备：工作区域产品、工具准备齐全，摆放整齐。						
M2	0.5	顾客与美容师准备：清洗或消毒双手。						
M3	0.5	使用砂条：指甲从两边往中间单向修磨，无来回拉锯式动作。						
M4	0.5	推剪后缘指皮：推剪后缘指皮，甲板上无多余指皮。						
M5	0.5	使用推剪工具：力度适中，无拉扯指皮动作，未造成顾客皮肤创伤。						
M6	0.5	去除开裂、翘起指皮和硬皮：去除指甲周围所有开裂、翘起的指皮和硬皮，触摸光滑。						

续表

评分项	最高分	子标准评分项描述	次数及评分					
M7	0.5	手部去角质：产品取量适中，操作范围覆盖全面，力度和揉搓频率适中。						
M8	0.5	去角质产品清洁：清除所有产品及皮屑，无残留，皮肤保持干爽。						
M9	0.5	修形一致：所有指甲前缘长度、形状一致。						
M10	0.5	手膜包裹及清除：敷膜并包裹，顾客皮肤无手膜残留。						
M11	0.5	顾客维护：护理全程美容师皮肤、顾客皮肤和工作区域无残留产品。顾客全程姿态舒适，未过度伸展。						
M12	0.5	工作区域维护及安全卫生：护理全程安全操作，工具产品安全整洁，用过的物品不与干净的混放。						
J1	1	手部按摩：按摩手法、力度、变化适合顾客皮肤需要，舒适、有效。						
		等级配分：0 分；0.3 分；0.6 分；1 分。						
J2	1	手部敷膜：自手腕上缘 2 cm 处到指尖全部被覆盖，整洁光滑、厚薄均匀、无皮肤暴露。						
		等级配分：0 分；0.3 分；0.6 分；1 分。						
J3	2	涂抹甲油：甲油光滑均匀，没有触到后缘指皮或周围皮肤。						
		等级配分：0 分；1 分；1.5 分；2 分。						
合计	10	得分：						

Notes

第二节　足部护理

实操内容

物品准备

1. 热毛巾柜
2. 计时器
3. 垫纸、纸巾、棉片
4. 剪刀
5. 大、小玻璃碗
6. 橙木棒
7. 砂条、海绵锉
8. 足浴盆
9. 脚锉板、保鲜膜、足膜刷、分趾器
10. 美甲金属工具

产品准备

1. 抗菌手部啫喱、消毒喷雾
2. 卸甲水
3. 足部按摩膏、去角质膏
4. 指皮软化剂（去指皮液）、表皮滋润霜
5. 足膜、足霜

一、护理前准备

1　物品准备

1-1 美容师消毒工作区域的设施设备，将足部护理产品和消毒后的工具整齐地摆放在推车台面上，床上护理用品及足浴物品准备齐全。

1-2 打湿需要使用的毛巾后将其放进热毛巾柜加热，若没有热毛巾柜也可直接用热水加热。

1-3 用足浴盆盛适量温热水，并放入适量的浴盐。

2　美容师准备。美容师按七步洗手法清洗或消毒双手。

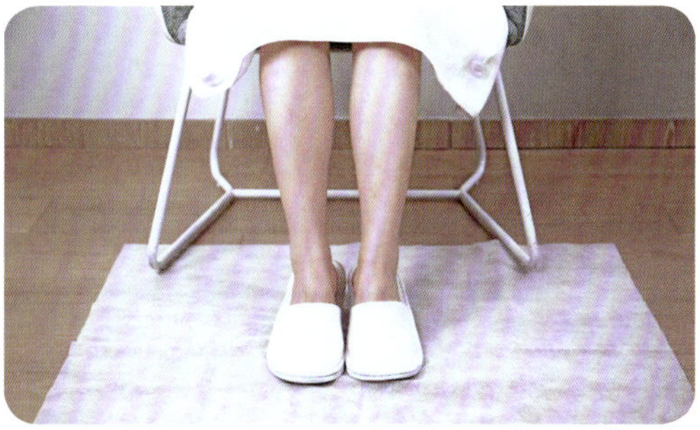

3 顾客准备。引导顾客落座并确保顾客坐姿舒适。

二、足部护理

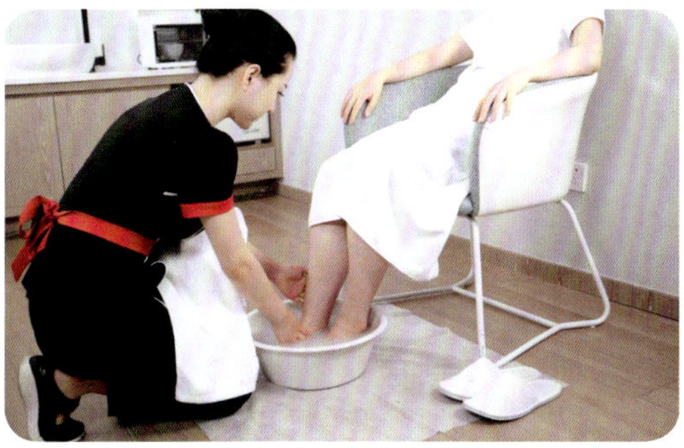

1 清洗及浸泡双脚。托起顾客的脚，美容师先试一下水温是否合适，再取适量温热水浇淋在顾客脚背上测试温度，询问顾客水温是否合适，一般水温控制在 45～50 ℃，水温合适后将顾客双脚缓慢放入盆中浸泡 5～10 min。

2 足部去茧

观看足部去茧的操作视频请用微信扫下方二维码。

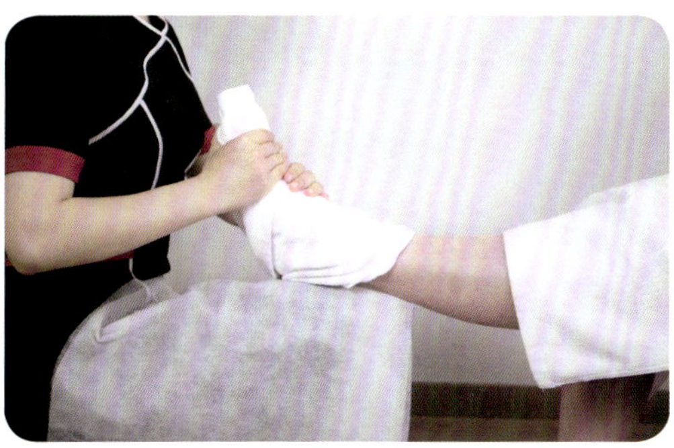

2-1 检查脚茧。美容师用干净的毛巾擦干顾客脚上的水分，观察并用四指指腹轻轻触摸整个脚底，确定茧的厚度及需要去茧的部位。

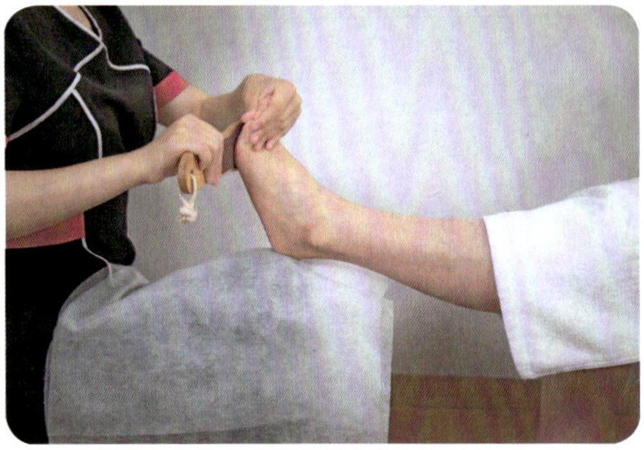

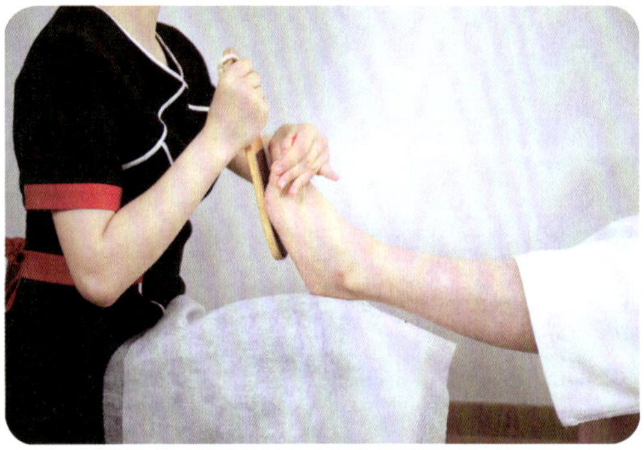

2-2 前脚掌去茧。一手横向拿住顾客脚趾，向外绷紧前脚掌，另一手拿脚锉板紧贴皮肤，利用脚锉板粗面以不同的方向匀速来回去除前脚掌的硬茧。

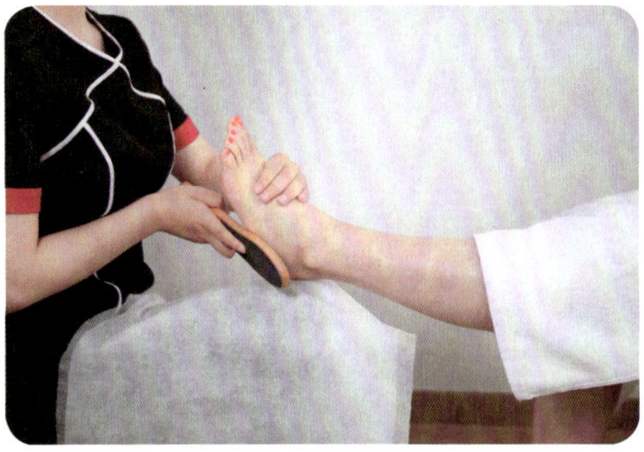

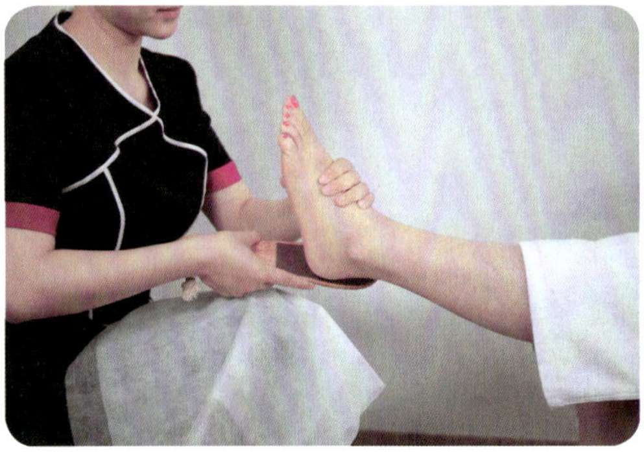

2-3 后脚掌去茧。用一手虎口拿住顾客足部内侧，抬起小腿；另一手拿脚锉板紧贴皮肤，利用脚锉板粗面以不同的方向匀速来回去除后脚掌的硬茧。

2-4 检查光滑度。用四指指腹再次触摸整个脚底，检查去茧是否有遗漏，如有残留则继续使用脚锉板粗面进行打磨，直至光滑。

2-5 脚茧收口。使用脚锉板细面紧贴皮肤由四周向脚掌心顺着一个方向打磨，直到脚底触摸光滑、无粗糙感。

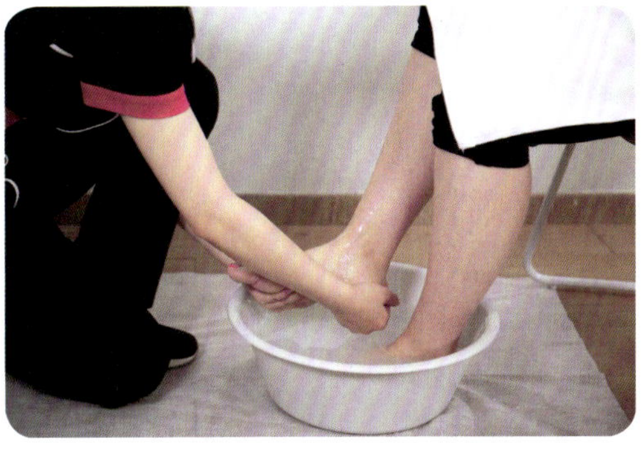

3 足部去角质

3-1 美容师取适量足部去角质产品，匀速打圈摩擦整个足部，去除足部的角质，脚背皮肤轻柔用力，操作时间不宜过长，角质厚的部位可着重加强。

3-2 清洗去角质产品，取出双脚擦干水。引导顾客安全舒适地躺在调整好角度的床、椅子或沙发上，如在床上操作，则需要在双膝下放好脚枕。

4 涂抹软化剂。美容师取适量软化剂，均匀涂抹在每根脚趾上，用手指指腹揉开软化剂。

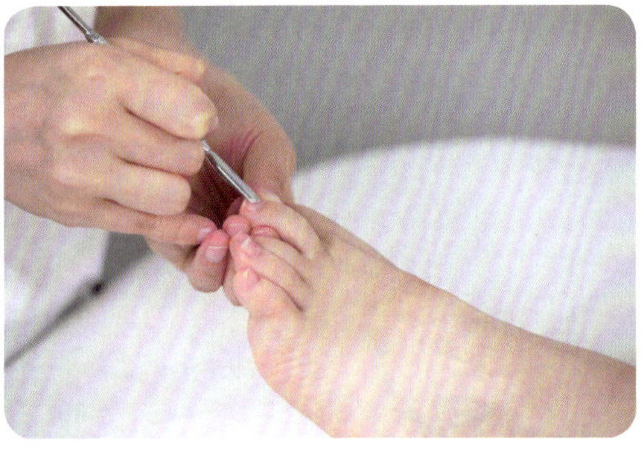

5 推趾皮。指皮推与甲面成 45°，美容师用适当的力度推起趾皮，避免甲面出现划痕，询问顾客力度是否合适。

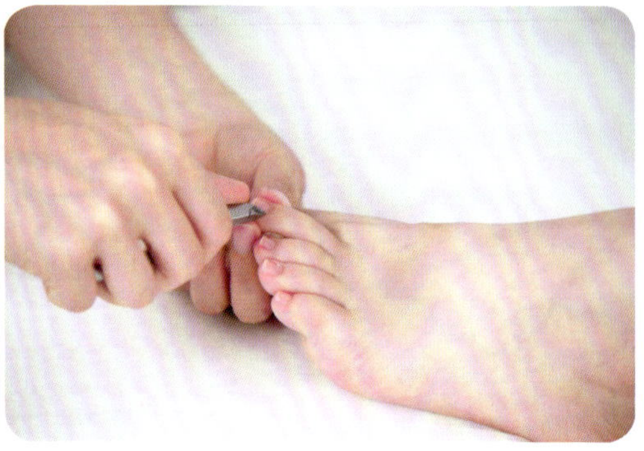

6 剪趾皮。美容师用指皮剪剪去多余的趾皮及脚趾周边翘起的硬皮，无拉扯动作，以免损伤顾客皮肤。

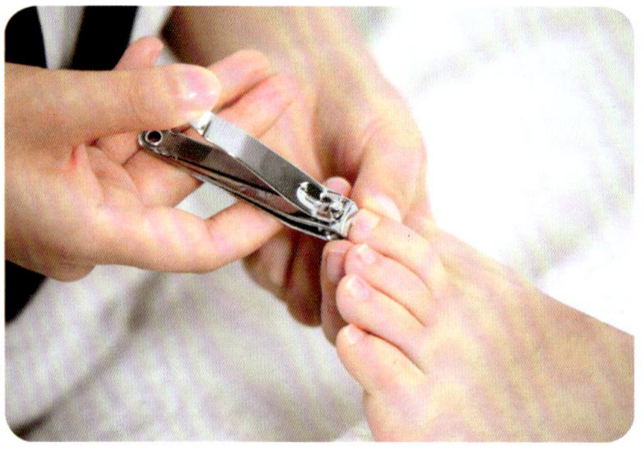

7 修形

7-1 观察 10 根脚趾趾甲长度，与顾客确认长度及形状。如指甲较长，可使用指甲钳修剪趾甲到适宜长度。

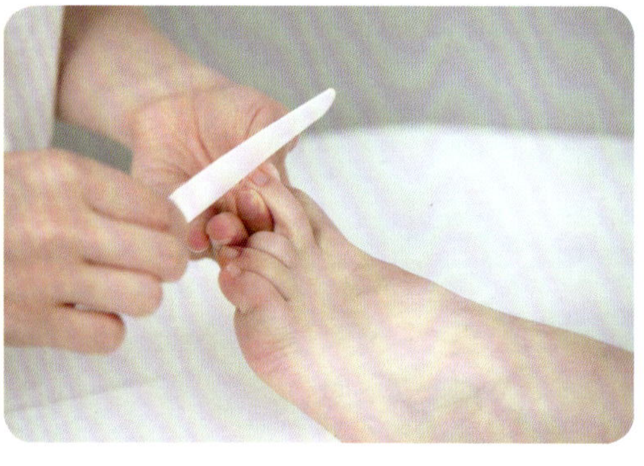

7-2 根据顾客的趾甲条件和需求，用砂条由两侧向中间单向修磨趾甲，确保 10 根趾甲的形状一致。

注意：操作时必须用手指挡住砂条或将旁侧趾甲压在手指下面，以防磨损顾客皮肤。

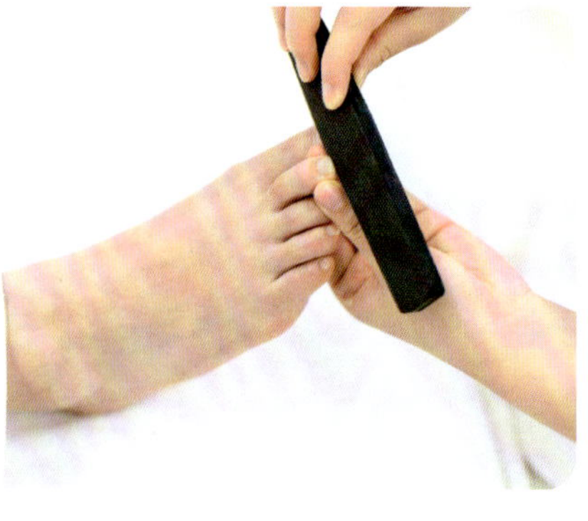

8 趾甲修整及去毛边。美容师用海绵锉平面顺着甲面生长方向磨平甲面及侧面边缘，去除趾甲毛边，再用橙木棒清洁趾甲前缘，以确保趾甲无污垢。

9　足部按摩

观看足部按摩的操作视频请用微信扫下方二维码。

9-1 按摩前准备。在顾客腘窝或脚下放置脚枕，露出要按摩的范围，保护好顾客隐私，确保顾客安全、舒适、温暖，美容师调整呼吸。

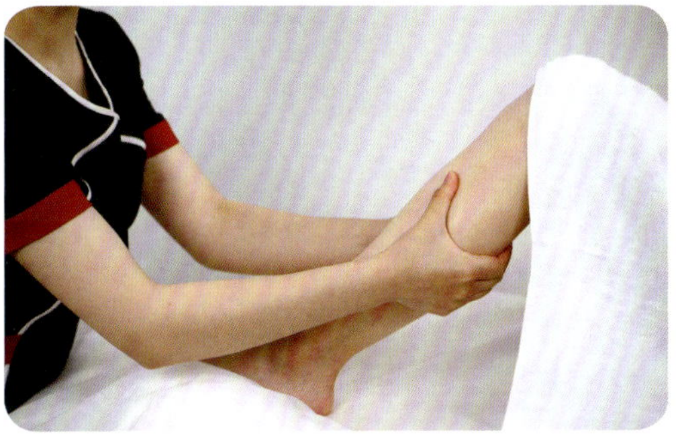

9-2 展油、按抚小腿。取适量按摩膏在手心温热，在腿部均匀展开。将双手掌放置于小腿两侧（避开胫骨），向上滑至膝盖，向后包住小腿后侧拉回，按抚整个小腿，询问顾客力度是否合适。

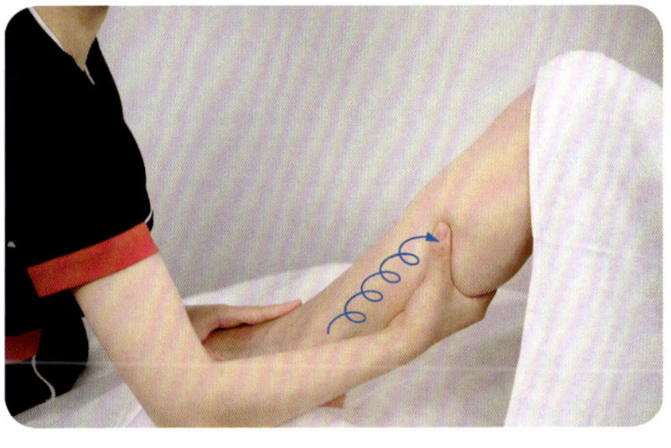

9-3 单手揉捏小腿腓肠肌。一手扶住顾客脚踝保持稳定，另一手虎口向上用力，从跟腱到腘窝拿捏腓肠肌。

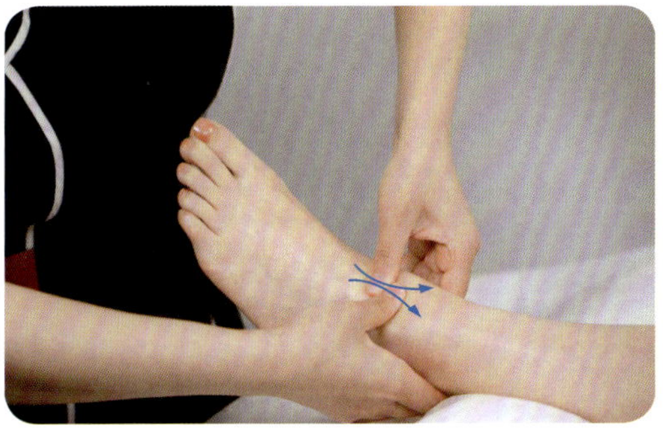

9-4 摩擦脚踝。美容师双手手掌托住整个脚踝，拇指同时向上摩擦伸肌支持带、脚踝内外侧，放松整个踝关节。

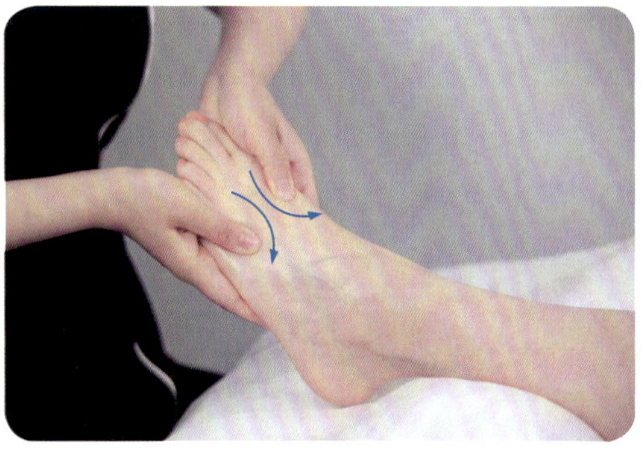

9-5 摩擦脚背。双手四指托住整个脚掌，拇指交替向上摩擦脚背骨缝，放松整个脚背。

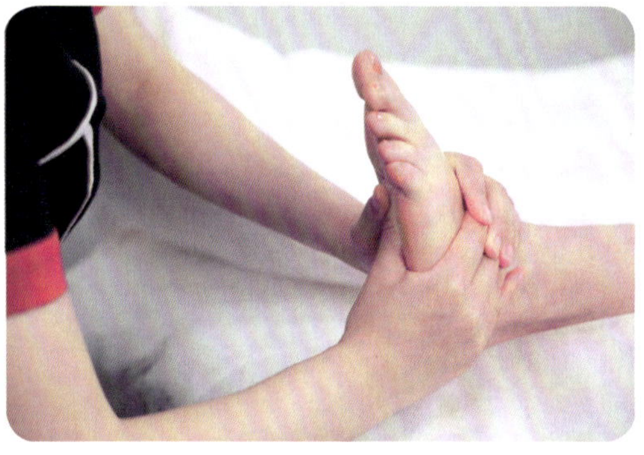

9-6 摩擦脚掌。双手四指重叠在脚背，握住整个足部。双拇指同时在脚掌心向上或向下用力摩擦，放松整个脚掌。

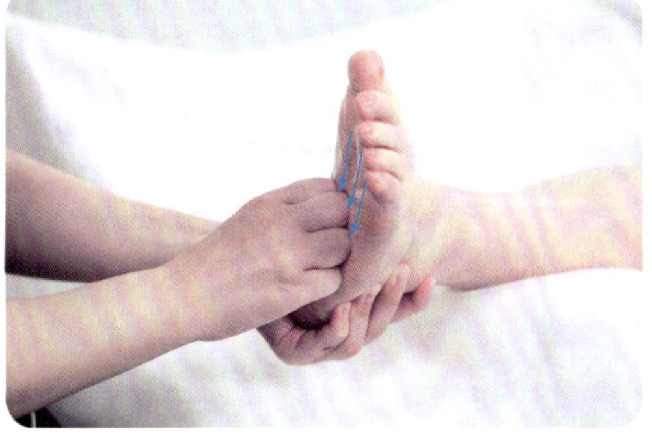

9-7 跪推足底。一只手掌托住脚后跟，另一手成跪指，用手指关节向下跪推放松足底。

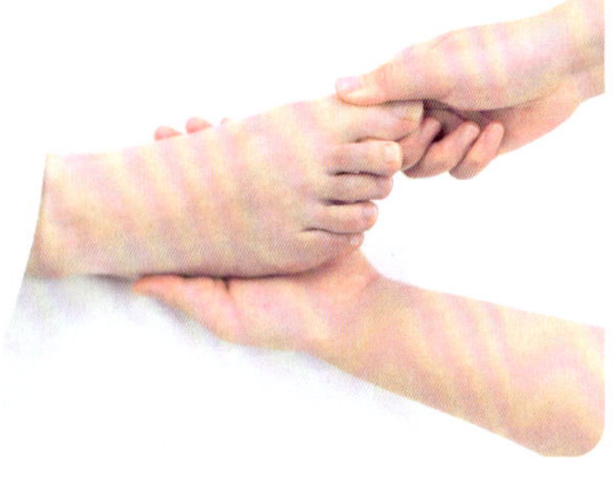

9-8 揉捏趾关节。双手四指托住整个脚掌，拇指同时向上有序地揉捏每一个趾关节，放松脚趾。

9-9 按摩结束。按抚放松整个小腿及脚部，双手掌包至脚尖轻轻松开。

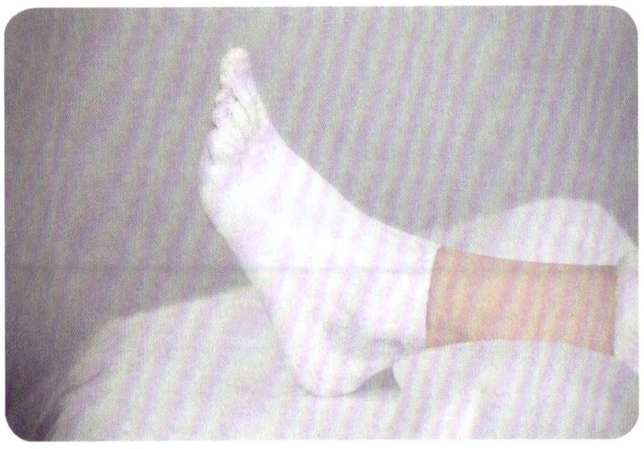

10　足部敷膜及包裹

10-1 敷膜。美容师取适量足膜，用刷子均匀地涂抹在足部。

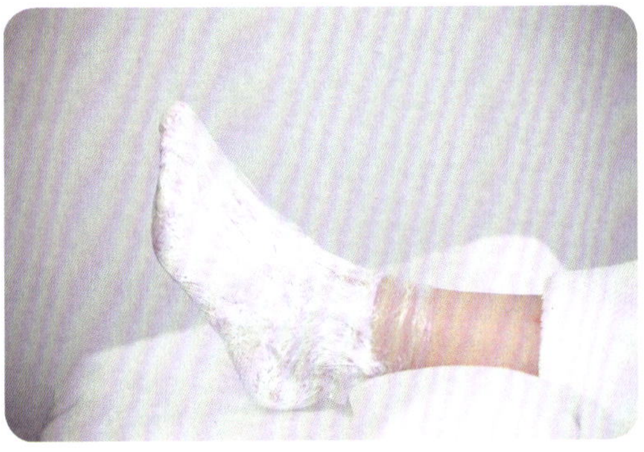

10-2 包裹。用足膜袋或保鲜膜服帖、紧实地包裹涂抹部位。

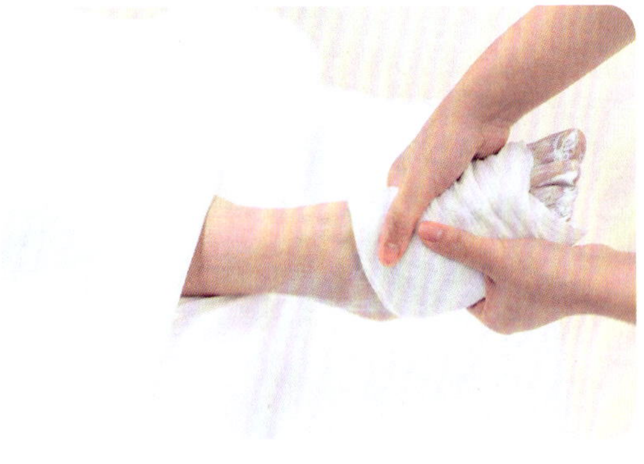

11 足膜卸除。去除足膜袋或保鲜膜，利用保鲜膜顺势将大部分足膜去除。用热毛巾热敷整个足部，彻底清洁足膜。

12 涂抹甲油。美容师使用分趾器将顾客脚趾分开，根据顾客需求涂抹甲油。

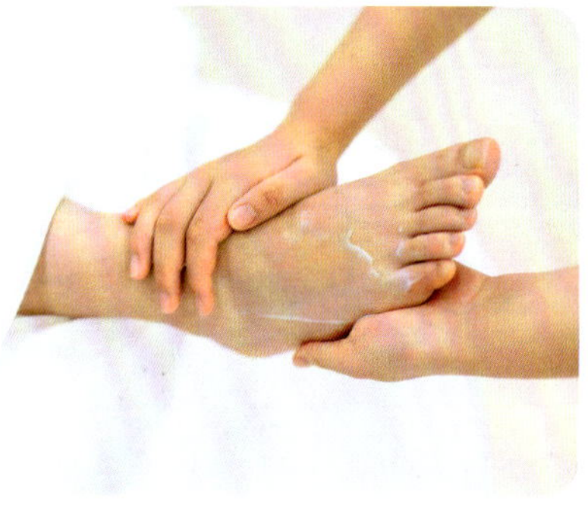

13 涂抹足霜。取适量足霜放置于手心，均匀涂抹在顾客足部，按摩至产品吸收，皮肤滋润不油腻。

14 结束工作。记录顾客的资料并归档，将工作区域收拾干净并消毒。

足部护理评分表

评分项	最高分	子标准评分项描述	次数及评分					
M1	0.5	护理准备：工作区域产品、工具准备齐全，摆放整齐。						
M2	0.5	顾客与美容师准备：美容师清洗或消毒双手，顾客试水温并浸泡双脚。						
M3	0.5	去茧：去除或减少脚跟、脚掌及脚趾外侧的硬茧。脚茧减少，皮肤触摸光滑。						
M4	0.5	使用砂条：趾甲从两边往中间单向修磨，无来回拉锯式动作。						
M5	0.5	推剪后缘趾皮：推剪后缘趾皮，甲板上无多余趾皮。						
M6	0.5	使用推剪工具：力度适中，无拉扯趾皮动作，未造成顾客皮肤创伤。						
M7	0.5	去除开裂、翘起的趾皮和硬皮：去除趾甲周围所有开裂、翘起的指皮和硬皮，致触摸光滑。						

续表

评分项	最高分	子标准评分项描述	次数及评分					
M8	0.5	足部去角质：产品取量适中，操作范围覆盖全面，力度和揉搓频率适中。						
M9	0.5	去角质产品清洁：清洁干净所有产品及皮屑，无残留，皮肤保持干爽。						
M10	0.5	修形一致：所有趾甲前缘长度、形状一致。						
M11	0.5	足膜包裹并清除：敷膜并包裹，顾客皮肤无足膜残留。						
M12	0.5	顾客维护：护理全程美容师皮肤、顾客皮肤和工作区域无残留产品。顾客全程姿态舒适，无过度伸展。						
M13	0.5	工作区域维护及安全卫生：护理全程操作安全，工具产品安全整洁，用过的物品不与干净的混放。						
J1	1	足部按摩：按摩手法、力度、变化适合顾客皮肤需要，舒适、有效。 等级配分：0 分；0.3 分；0.6 分；1 分。						
J2	1	足部敷膜：自脚踝上 2 cm 处到脚尖全部覆盖，整洁光滑、厚薄均匀、无皮肤暴露。 等级配分：0 分；0.3 分；0.6 分；1 分。						
J3	1	涂抹甲油：10 个趾甲色泽均匀、整洁，甲油不沾到后缘趾皮和周围皮肤。 等级配分：0 分；0.3 分；0.6 分；1 分。						
J4	0.5	服务规范：服务姿态规范、动作细致，微笑亲切自然、沟通清楚准确，服务全程热情、周到。 等级配分：0 分；0.2 分；0.3 分；0.5 分。						
合计	10	得分：						

Notes

第六章

脱毛

第一节　脱毛前准备和脱毛后护理

实操内容

物品准备

1. 蜡锅
2. 垫纸若干
3. 4 in×4 in、2 in×2 in 棉片
4. 镊子、小剪刀、小卷梳
5. 手套、脱毛棒（大、中、小）
6. 脱毛布（大、中、小）
7. 纸巾
8. 毛巾或消毒湿巾
9. 一次性围裙
10. 木棒

产品准备

1. 硬蜡
2. 软蜡
3. 糖浆
4. 脱毛前后护理产品

一、脱毛前准备

1 物品准备。准备护理所需工具、产品、美容床、推车、蜡锅，将蜡温调至厂家规定温度，并保持恒温。

注：软蜡、硬蜡、糖浆脱毛前准备和脱毛后护理一样，本节以腿部软蜡脱毛为例，之后涉及各部位脱毛时不再重复本节的每一个步骤，只阐述不同操作要点。

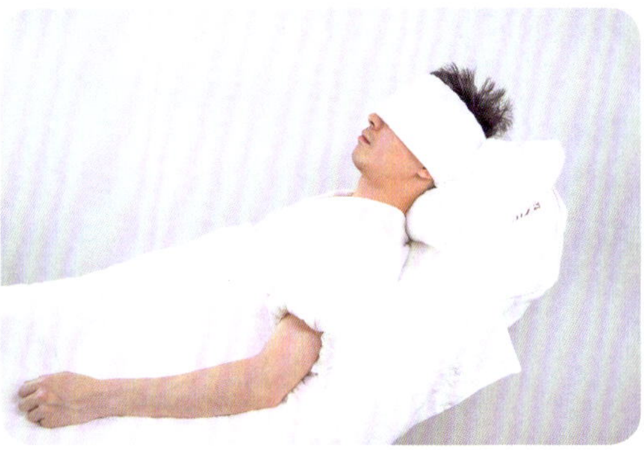

2 顾客准备。美容师帮顾客消毒双手，协助顾客舒适躺下，使用热毛巾或消毒湿巾清洁或消毒顾客双脚；用一次性垫纸保护好顾客的衣服和毛巾，保护好顾客隐私，确保顾客安全、舒适、温暖。如有需要可盖住顾客眼睛以避光。观察顾客皮肤和毛发情况，并询问禁忌证。

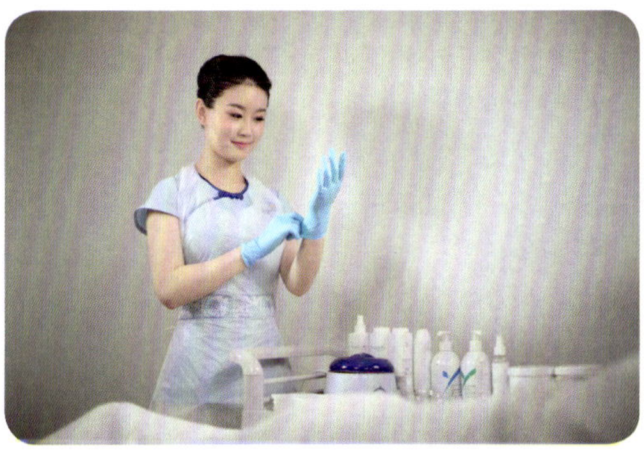

3 美容师准备。美容师穿好一次性围裙，消毒双手并戴好手套。

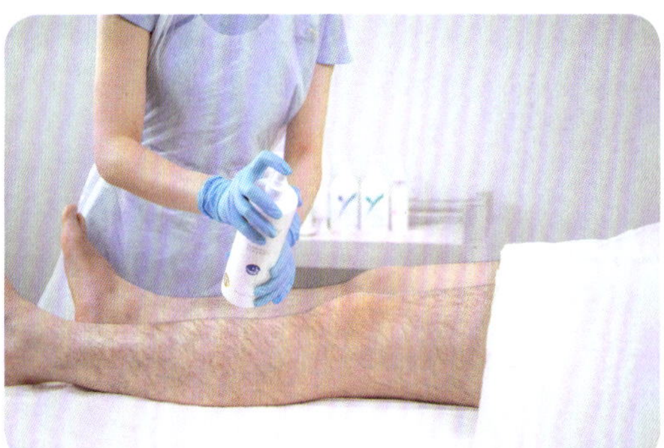

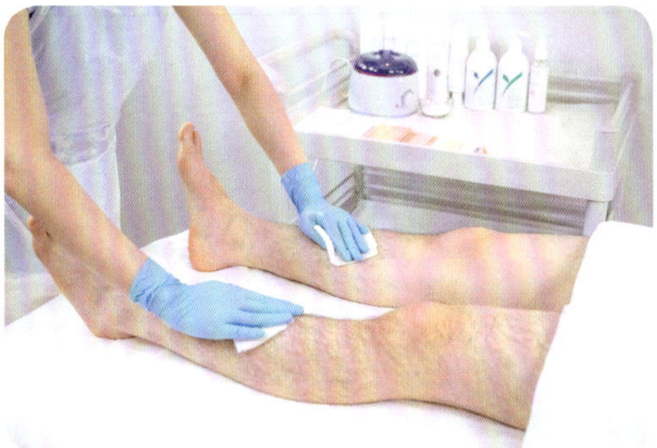

4 清洁皮肤。取适量清洁剂放在4 in×4 in棉片上，或直接喷在脱毛部位（避开面部），彻底清洁皮肤，然后用小毛巾、4 in×4 in棉片擦干皮肤使其保持干爽。清洁腿部时可逆着毛发生长方向往上打圈擦拭。

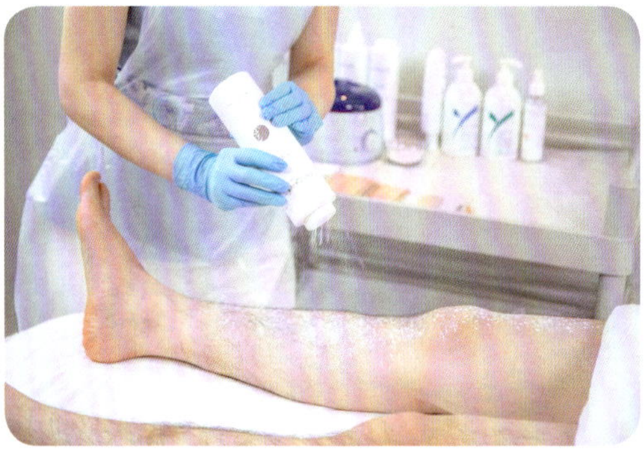

5 保护皮肤。通常，硬蜡脱毛用护肤油来作皮肤保护，软蜡和糖浆脱毛用爽身粉保护或干燥皮肤。保护产品应少量均匀涂抹，避免堆积。

6 测试温度

6-1 先用木棒搅动蜡，观察其是否完全融化；挑起蜡测试确保其具有适当的流动性。

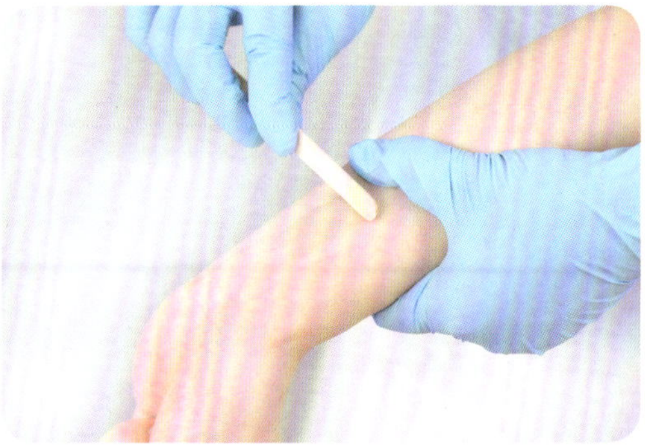

6-2 美容师用小木棒取少量蜡在自己手臂内侧小面积涂抹以测试蜡温，然后撕掉。确认温度合适后，再在顾客手臂内侧或操作部位测试温度，并询问温度是否合适。

二、脱毛后护理

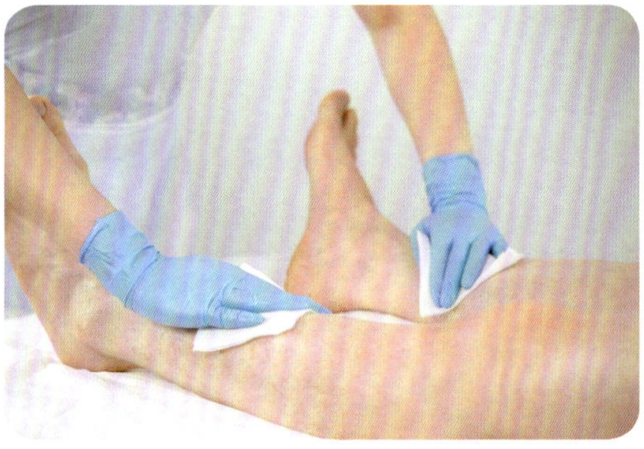

1 残蜡清洁。使用沾有清洁产品的棉片，逆着毛发生长方向以向上打圈的方式去除皮肤上的残蜡。清洁后应从多个角度进行检查，确保皮肤上无残蜡。

注：之后各部位脱毛不再重复本节的步骤。

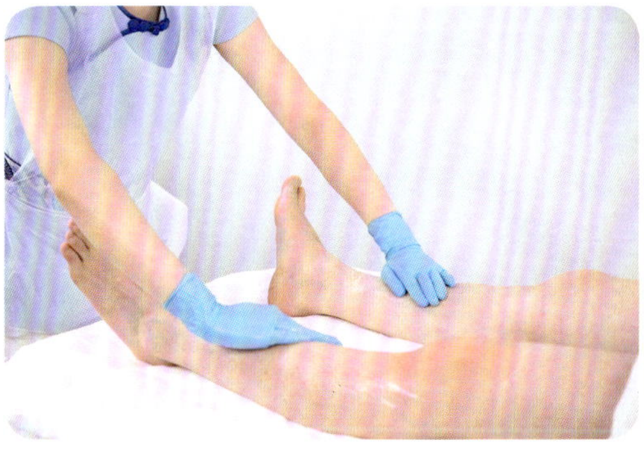

2 润肤镇静。取适量护理后修复产品均匀涂抹在脱毛部位，镇静修复皮肤。如有泛红或脱皮，应及时使用相应的修复产品。

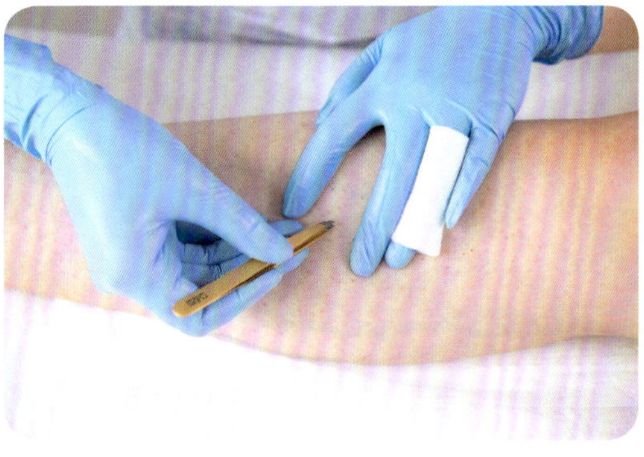

3 残毛检查。检查脱毛部位是否有毛发残留，如有残毛，则将残留毛发处的皮肤绷紧，顺着毛发的生长方向快速拔除。

4 顾客服务。美容师帮助顾客缓慢起身，送至休息区，送上茶水，告知顾客脱毛后的注意事项，记录顾客资料并存档。

5 结束工作。清洁、消毒所有工具产品、设施设备，将其整齐摆放恢复至原来的状态，清除垃圾，美容师清洗或消毒双手。

脱毛前准备和脱毛后护理评分表

评分项	最高分	子标准评分项描述	次数及评分					
M1	1	物品准备：准备好护理所需的工具产品，将蜡锅温度调至厂家规定温度。						
M2	1	美容师准备：美容师操作前消毒双手，穿戴好一次性手套和围裙。						
M3	1	顾客准备：消毒顾客双脚，保护好顾客的衣服、头发、隐私处和毛巾，确保顾客舒适、温暖、安全。						
M4	1	皮肤准备：彻底清洁皮肤，正确涂抹保护产品，皮肤上无多余产品。						
M5	1	测试温度：正确调试蜡温，先在自己手臂内侧测试温度，再在顾客手臂内侧或操作部位测试温度。						
M6	1	残毛处理：检查脱毛部位无毛发残留并正确拔除残留毛发。						
M7	1	残蜡清洁：皮肤清洁干净无残留产品，涂抹护理产品，皮肤干净且滋润。						
M8	1	结束工作：护理结束后将工作区域的设施设备摆放整齐并恢复到原来的状态。将顾客护理中存在的问题及信息进行记录并存档。						
J	2	顾客服务：观察、咨询并记录顾客皮肤及毛发情况，咨询禁忌证，告知顾客脱毛前后注意事项。护理全程保持顾客安全与舒适，常询问顾客感受。 等级配分：0.5 分；1 分；1.5 分；2 分。						
合计	10	得分：						

Notes

第二节　硬蜡脱毛

实操内容

一、上唇及下颏脱毛

观看上唇及下颏脱毛的操作视频请用微信扫下方二维码。

1 护理前准备。美容师用一次性垫纸保护枕头、顾客前胸衣物及毛巾，用毛巾保护好头发。为顾客清洁皮肤，涂抹护肤油，试温。

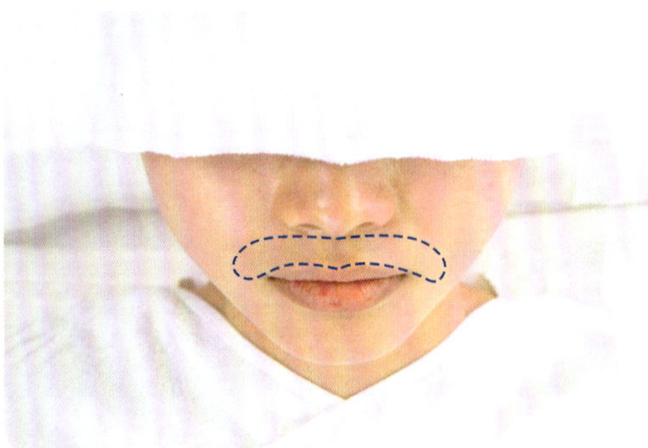

2 上唇脱毛。可将上唇分为左、右和中间三部分进行操作，每部分之间应小面积叠加，避免漏脱毛发。嘴角外的毛发生长方向向下，需要分段操作。

注意：以下各部位涂硬蜡的方法相同，不再重复。

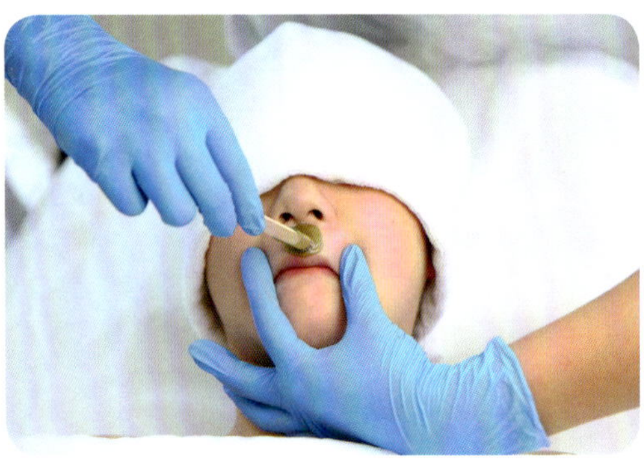

2-1 绷紧皮肤。让顾客紧闭嘴唇以辅助绷紧皮肤。

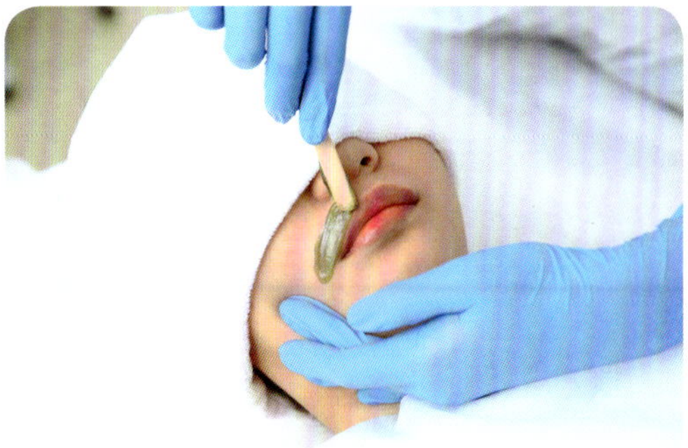

2-2 涂蜡。一只手用中号木棒取出适量的蜡，不断翻卷直到没有蜡丝，另一只手绷紧操作部位一侧或两侧皮肤，从上唇一侧逆着或顺着毛发生长方向来回均匀地涂抹 2～3 次，直到边缘厚且光滑，确保所有毛发被蜡完全包裹覆盖。

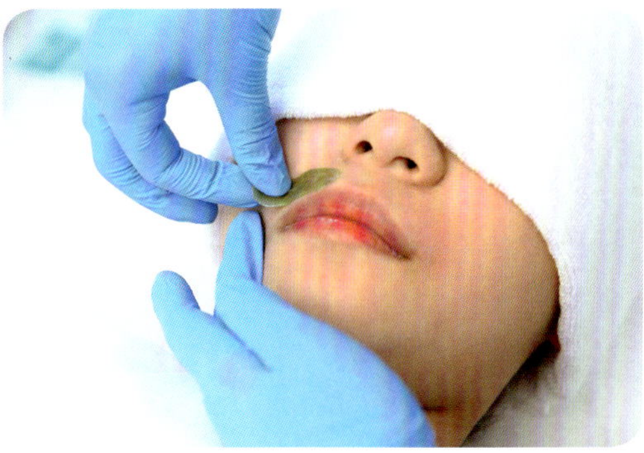

2-3 撕蜡。一手绷紧脱毛起点处的皮肤，一手抓住蜡块边缘，以逆着毛发的方向、平行于皮肤轻快地将蜡块撕脱。

注：各部位的撕蜡方法相同，以下不再重复。

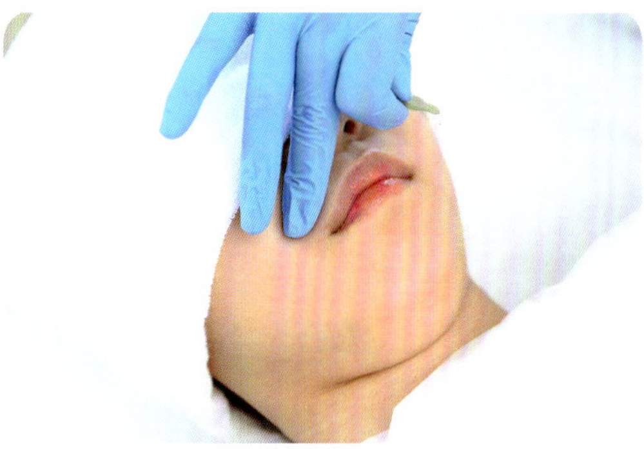

2-4 按抚。每次撕脱后应立刻用 1～2 根手指按压脱毛部位 2～3 s，力度适中。

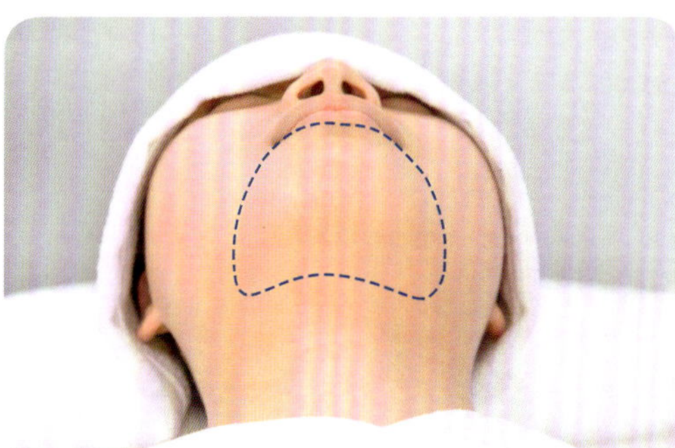

3 下颏脱毛。可将整个下颏以下颌线为界分为上下两部分，各部分又可横向分为左、中、右三部分，根据实际情况灵活操作。

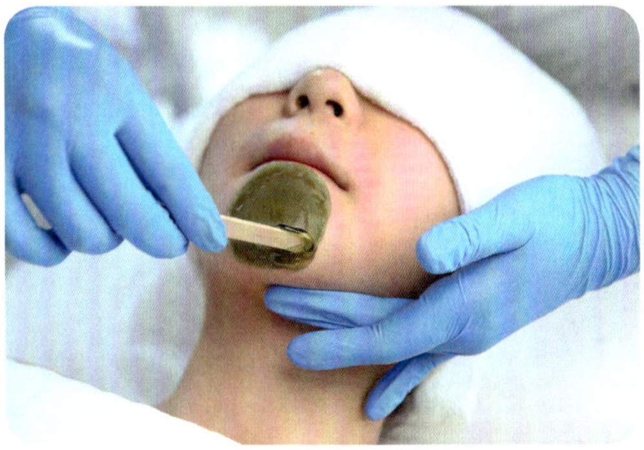

绷紧皮肤。

顾客：脱下颏上部毛发时紧闭嘴唇以绷紧皮肤，需要时可用舌头从里顶住脱毛部位以绷紧下颏及凹陷处；脱下颏下部毛发时，轻抬下颏绷紧皮肤。

美容师：脱下颏上部毛发时，将皮肤向侧面或下面绷紧；脱下颏下部毛发时，
3-1 手放在上颈部轻轻向下绷紧皮肤。

3-2 涂蜡、撕蜡、按抚。操作方法同上唇。

3-3 脱毛后护理。

二、腋下脱毛

观看腋下脱毛的操作视频请用微信扫下方二维码。

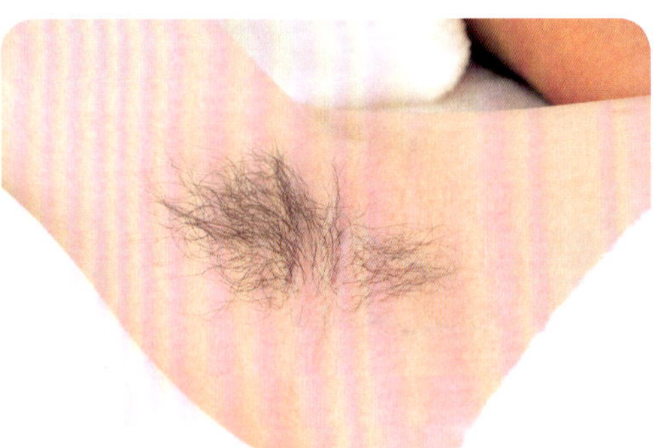

护理前准备。美容师用一次性垫纸保护枕头，将顾客手臂打开，暴露腋下，用垫纸保护好顾客前胸衣物、衣袖及毛巾；在床上垫上纸巾，用于接剪下的毛发；清
1 洁皮肤（也可在修剪后清洁）。

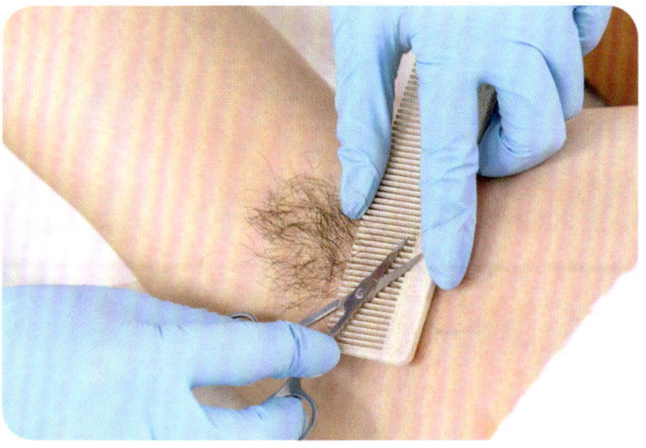

2 修剪毛发。毛发过长或过于凌乱时须先修剪以便更好地观察毛发生长方向，先用小梳子梳理整齐，用剪刀在小梳子上边梳边剪，以免操作不当剪到皮肤或剪得过短、不均匀；将皮肤和纸巾上剪下的毛清除，涂抹少量保护油，试温。

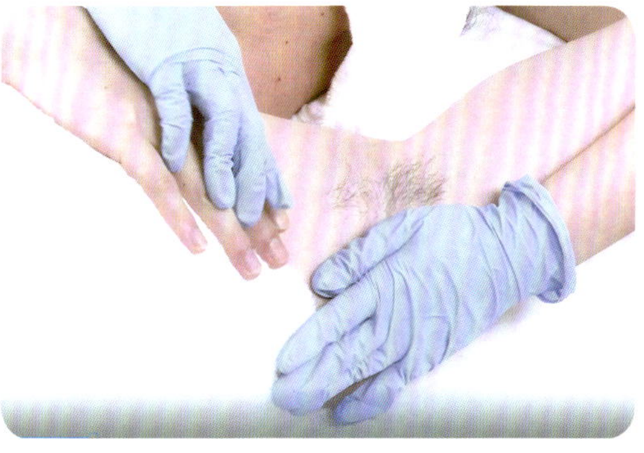

3 绷紧皮肤。腋下皮肤有很多褶皱，为避免脱伤皮肤，脱毛之前必须绷紧皮肤。以右腋下为例：美容师帮助顾客向上抬起右手并将手掌垫在头下，将皮肤往上绷紧；之后让顾客左手虎口张开并放在右乳外侧，向左拉紧皮肤，以便从不同角度来辅助展开腋窝处皮肤，更好地绷紧腋下皮肤。

美容师将一只手放在大臂内侧，与顾客辅助绷紧的手反方向平缓地绷紧腋下皮肤。

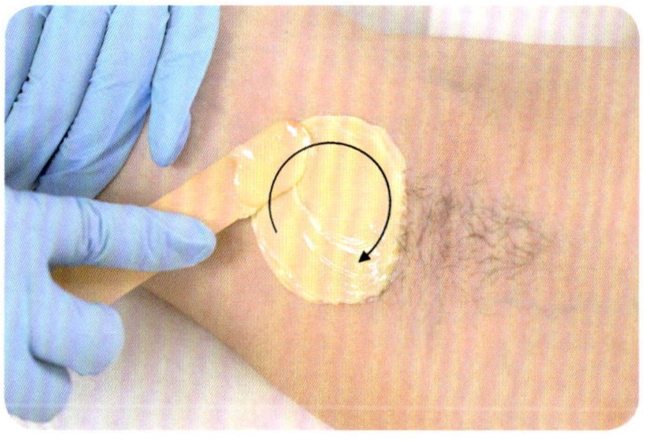

4 涂蜡。根据顾客毛发生长方向进行区域划分，通常分为 2～3 个部分操作。每次涂蜡都应延展到毛发之外，以便撕蜡挑起边缘时不会拉扯到毛发。可先从腋下的外缘处向内依次操作，方法与下颏涂蜡一样。

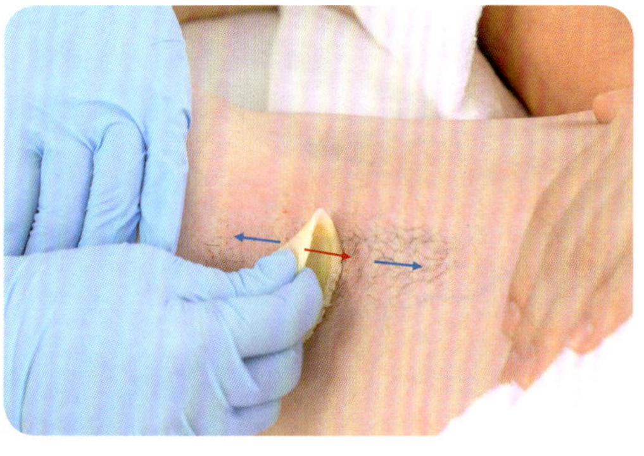

5 撕蜡。同上唇撕蜡操作。图中蓝线代表顾客和美容师绷紧皮肤方向，红线代表撕蜡方向，本书中其余蓝线、红线均代表此意，不再赘述。

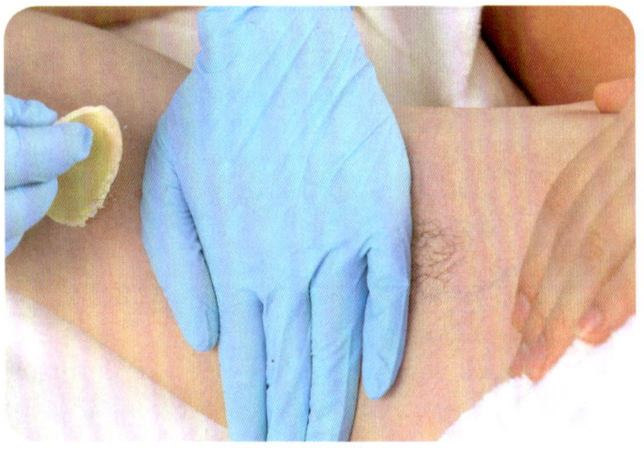

6 按抚。腋下、比基尼线等处毛多且粗壮的敏感部位，拔毛时疼痛感会增强，按抚时按压力度可稍加大，停留时间3～5 s。

注：所有脱毛的按抚方法相同，以下不再重复。

三、比基尼线部位脱毛

1 护理前准备。将一次性垫纸铺在床上，保护好床单。用垫纸将顾客的内裤边缘保护好（一次性内裤除外），并时刻保护好顾客隐私。

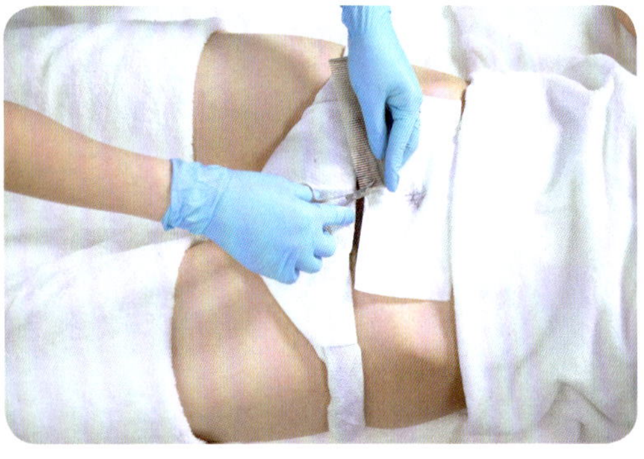

2 修剪毛发。与腋下方法相同，将比基尼线外过长的毛发修剪掉。清洁皮肤，涂少量保护油，试温。

3 比基尼线上缘

3-1 绷紧皮肤。让顾客将下腹部皮肤向上绷紧，美容师以不同方向绷紧操作部位的皮肤。

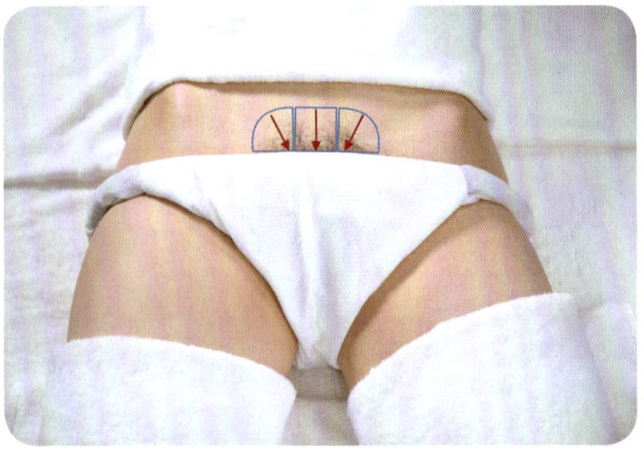

3-2 涂蜡。比基尼线上缘可按毛发生长方向分三段进行涂蜡。一般中间部位的毛发向下生长，左右两边毛发向中间或斜向中间的方向生长。操作方法与上唇相同。左图蓝色线条为每一次操作的范围，红色箭头为皮肤需要绷紧的方向。

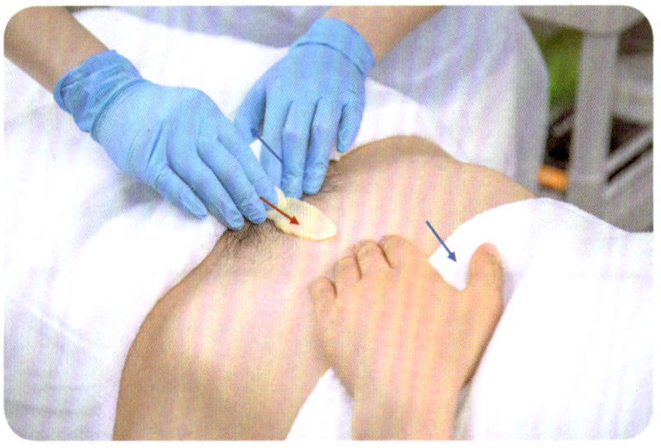

3-3 撕蜡。同上唇撕蜡操作。左图中蓝色箭头为需要顾客辅助绷紧皮肤的方向，红色箭头为撕蜡方向。

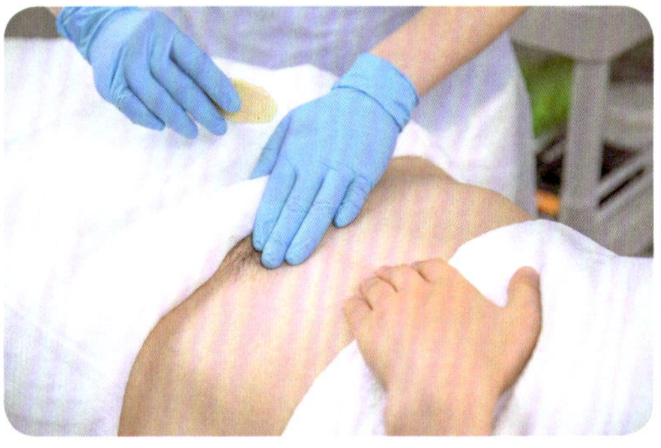

3-4 按抚。同上唇按抚操作。

4 比基尼线两侧

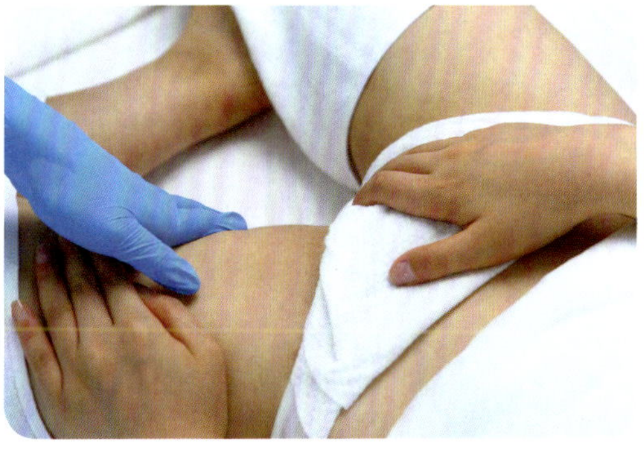

4-1 绷紧皮肤。比基尼区域角度比较特殊，单手不易绷紧，在操作过程中，可以让顾客双手放置在不妨碍撕蜡的脱毛部位，辅助从不同角度将皮肤完全绷紧。

以顾客左侧为例：让顾客弯曲右膝盖，将双手分别放在腹股沟两侧，并以相反的方向平缓地绷紧皮肤，将此处的褶皱充分展开。

美容师：涂蜡时辅助手放在需要额外绷紧处。

4-2 涂蜡。以腹股沟为界分为左右两侧，再按照毛发的生长方向将两侧分上下区域涂蜡。一般上区域的毛发向下生长，下区域毛发向上生长。

注意：涂蜡时不要越过腹股沟线操作，避免因脱毛位置不在同一平面而拉伤皮肤；可将中号木棒立起，用侧面边涂蜡边画比基尼线，使线条更加清晰。

在操作过程中，可按照脱毛部位不断调整顾客的姿势，以最方便的角度操作，确保顾客在不同的姿势下都感到安全、舒适。

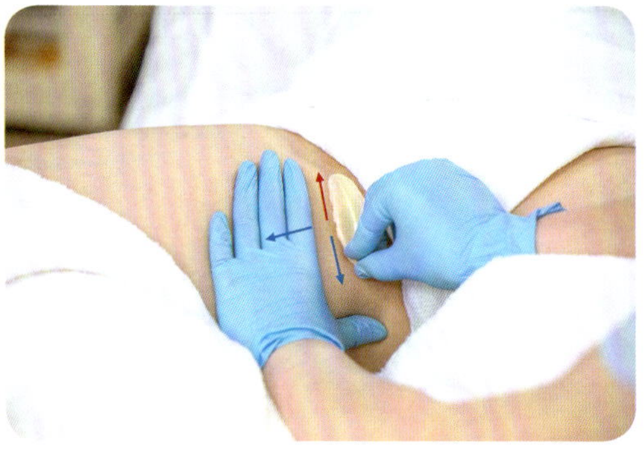

4-3 撕蜡、按抚。操作同前。

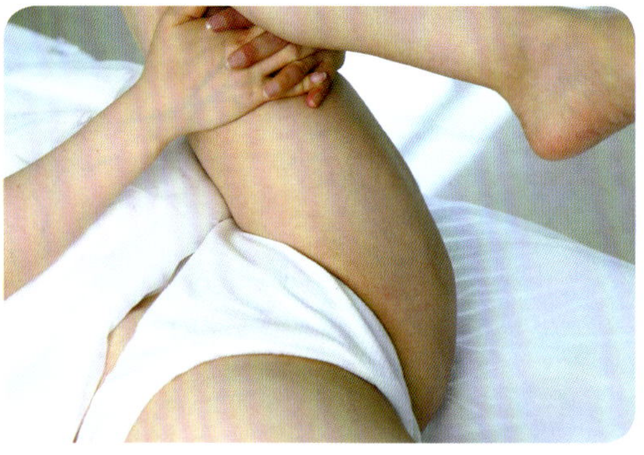

5 比基尼线下侧和后侧

绷紧皮肤。可以让顾客将手放在大腿后侧的上半部，将膝盖抬向胸部，以帮助更好地将大腿后侧的皮肤绷紧。如果脱比基尼线后侧及臀部的毛发，可采取弯曲膝盖并侧躺来绷紧皮肤。

5-1 涂蜡时美容师将辅助手放在需要额外绷紧处。

5-2 涂蜡、撕蜡、按抚。操作同前。

5-3 脱毛后护理。

硬蜡脱毛评分表

评分项	最高分	子标准评分项描述	次数及评分					
M1	1	修剪毛发：毛发修剪长度合适，操作安全。						
M2	1	测试温度：调试蜡温，先在自己手臂内侧试温，再在顾客大腿内侧试温。						

续表

评分项	最高分	子标准评分项描述	次数及评分					
M3	1	皮肤准备：清洁皮肤，涂抹脱毛前保护产品，皮肤上无多余产品。						
M4	2	涂蜡：绷紧皮肤涂蜡，蜡块有一定厚度，表面均匀、光滑。						
M5	2	撕蜡：平缓地绷紧皮肤，逆着毛发生长方向快速撕蜡，不向上提。						
M6	1	按抚：每一次撕脱后立即用手按压脱毛位置。						
J	2	技术展示：熟练、轻快、流畅、高效。 等级配分：0 分；1 分；1.5 分；2 分。						
合计	10	得分：						

Notes

第三节　软蜡脱毛

实操内容

一、下颏及唇部脱毛

观看下颏及唇部脱毛的操作视频请用微信扫下方二维码。

1 护理前准备。操作与下颏和唇部硬蜡脱毛相同。清洁皮肤、涂抹少量爽肤粉（如需要干燥皮肤）、试温。

2 涂蜡。绷紧皮肤与区域划分同硬蜡脱毛的操作。

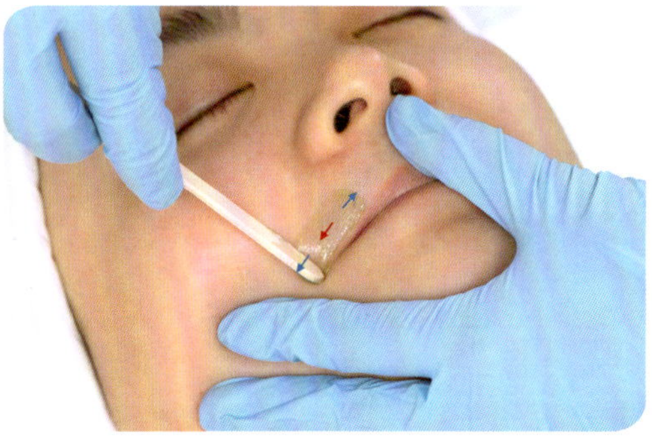

2-1 上唇。美容师一手绷紧一侧或两侧唇部皮肤，另一手用中号或小号木棒取出适量蜡，刮掉木棒下面和左右两侧多余的产品，蜡棒与皮肤保持45°，顺着毛发生长的方向薄而均匀地涂抹。蓝色箭头为皮肤绷紧方向，红色箭头为撕蜡方向。

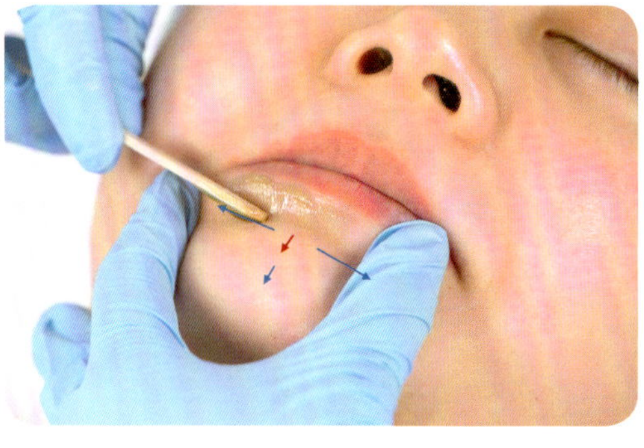

2-2 下颏。操作同前。

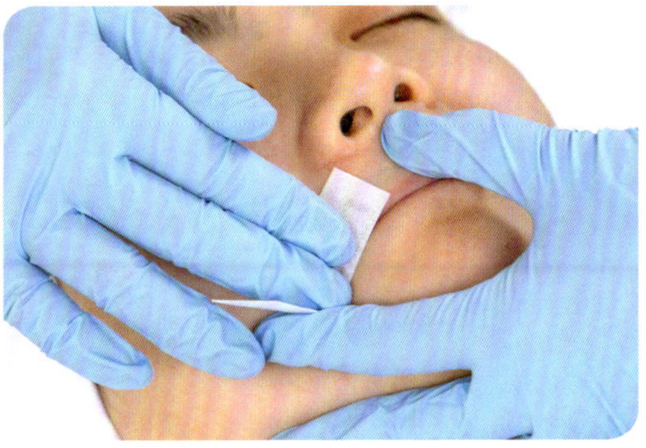

3 覆盖脱毛布。将涂好蜡的部位覆盖小脱毛布，用手指将蜡和脱毛布服帖地黏合在一起。由于面部皮肤敏感，覆盖脱毛布时应小面积分段覆盖并时刻绷紧皮肤，避免因操作面积过大、绷紧不完全而损伤皮肤。

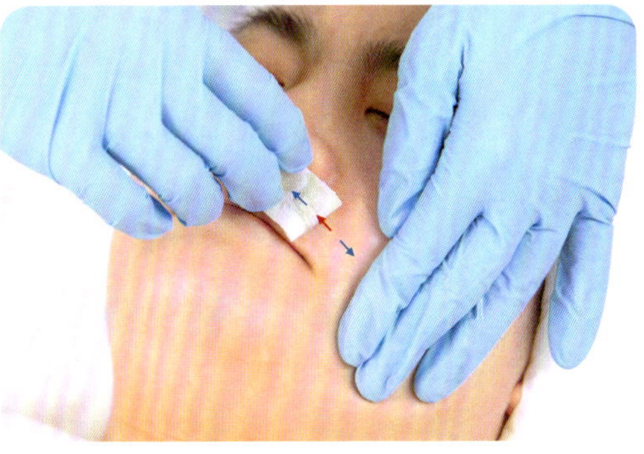

4 撕蜡。美容师一手平缓地绷紧顾客唇部及下颏处的皮肤，另一手紧握脱毛布的末端，逆毛发生长方向、平行于皮肤轻快地将脱毛布撕脱。若脱毛布沾有太厚的蜡和毛发，可换取新的脱毛布继续操作。撕脱后的脱毛布须对折后再扔掉。

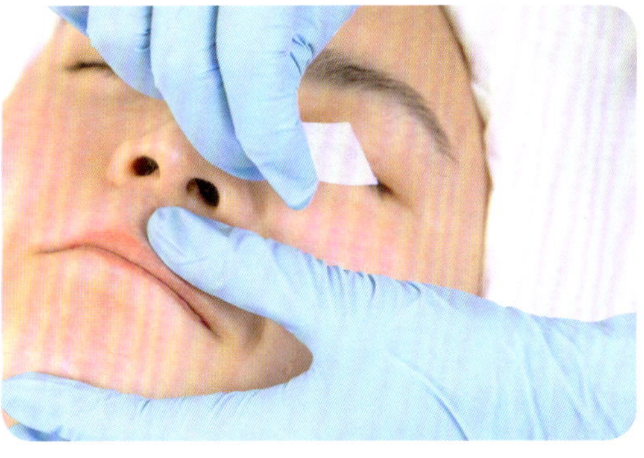

5 按抚、脱毛后护理。

二、眉毛脱毛

观看眉毛脱毛的操作视频请用微信扫下方二维码。

1 护理前准备。操作同上唇脱毛。为顾客清洁皮肤，涂抹少量爽肤粉（如需要干燥皮肤），试温。

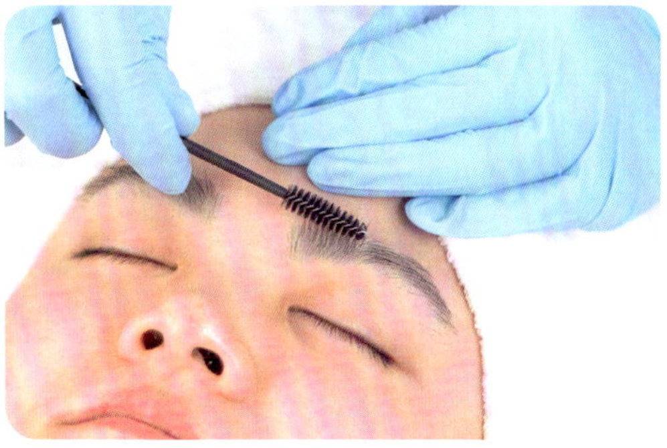

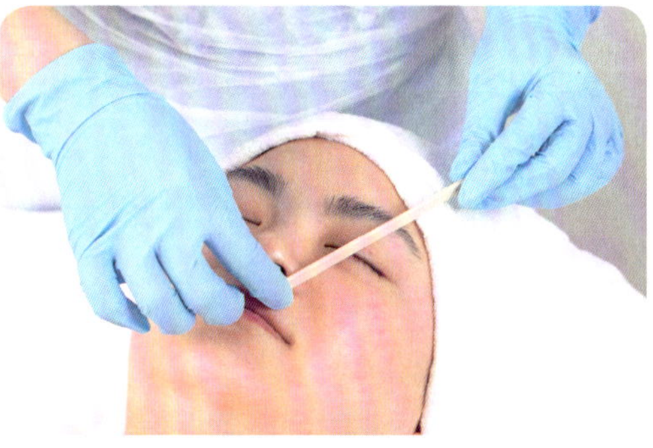

2 测量眉毛。美容师先用卷梳将顾客的眉毛梳理整齐，然后使用直边工具测量眉头、眉峰、眉尾的位置，观察需要去除毛发的部位，确定好眉形。

3 涂蜡。由于眉毛部位的面积较小，可使用小木棒操作。操作前应观察好需要脱毛的位置，避免涂抹到主体眉毛上。

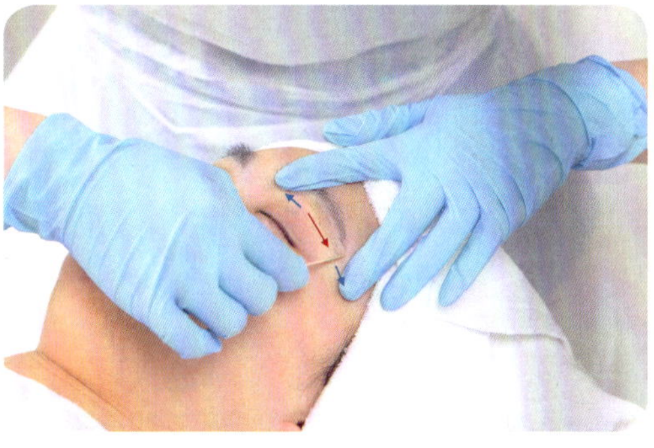

3-1 眉底线涂蜡。美容师一手平缓地绷紧眉毛及皮肤，另一手顺着毛发生长的方向沿着眉底线薄而均匀地涂抹。由于眼周的皮肤较为脆弱，操作时应小心谨慎，动作细致到位，不能在同一位置重复涂蜡，以免损伤皮肤。

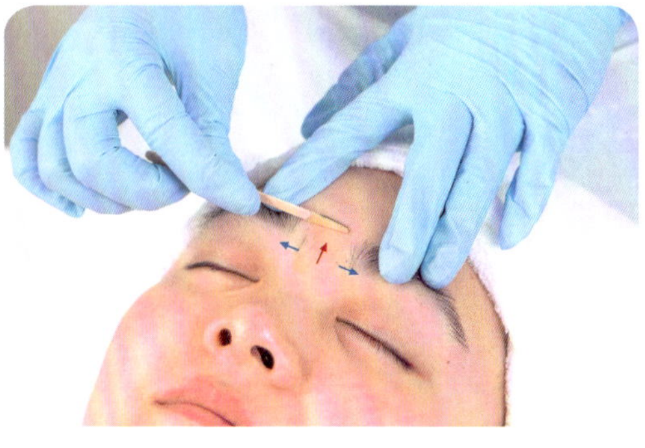

3-2 眉间部位涂蜡。美容师一手平缓绷紧眉间及前额处的皮肤，另一手顺着毛发生长的方向薄而均匀地涂抹。注意眉间部位的毛发通常向上生长。

眉上缘部位涂蜡。美容师一手平缓绷紧眉上方的皮肤，另一手顺着毛发生长的方向和眉形薄而均匀地涂抹。

3-3 注意：一般不脱此部位，如果个别顾客杂毛较多、明显且顾客有需求，也可脱掉。

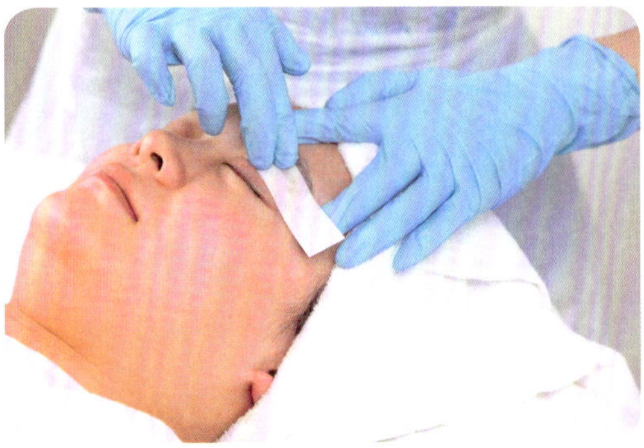

4 覆盖脱毛布。眉毛上下缘有一定的弯度，需要在转折处将眉毛分成两段相对平直的部位撕蜡，以免拉伤皮肤。操作方法同唇部。

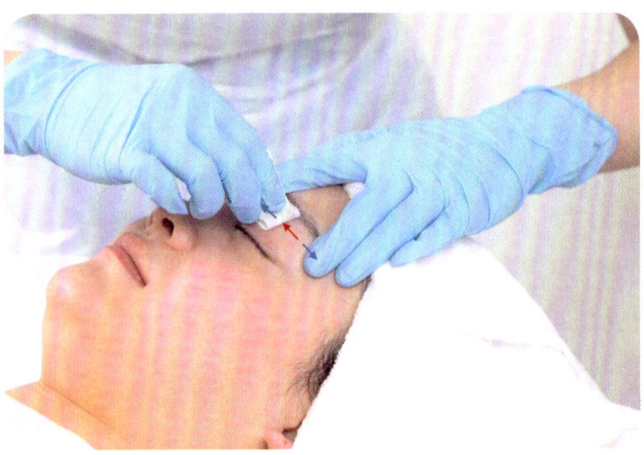

5 撕蜡。操作方法同唇部。

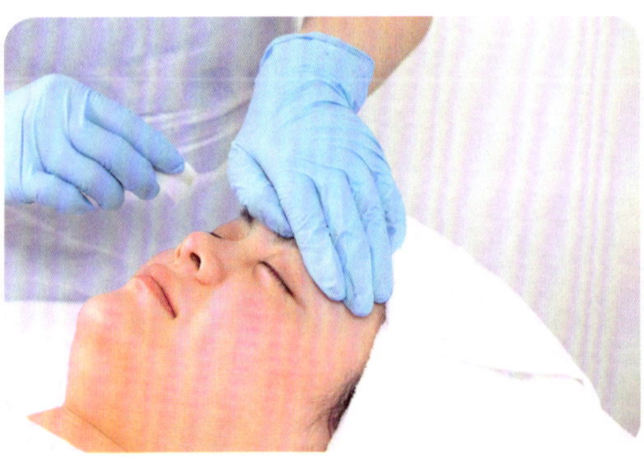

6 按抚、脱毛后护理。

三、手臂脱毛

观看软蜡手臂脱毛的操作视频请用微信扫下方二维码。

1 护理前准备。美容师在床上铺一次性垫纸，保护好床单、枕头；在顾客大臂及前胸处包裹一次性垫纸，保护顾客衣物及毛巾。清洁皮肤，涂抹爽肤粉，试温。

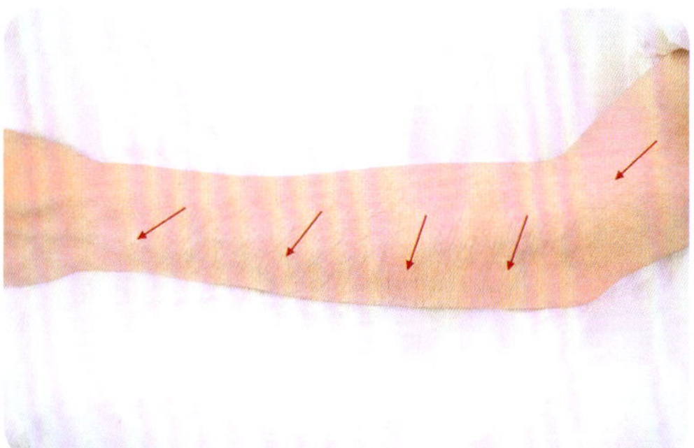

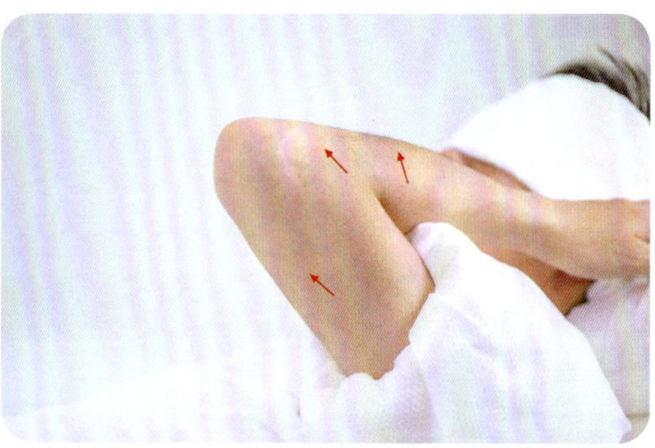

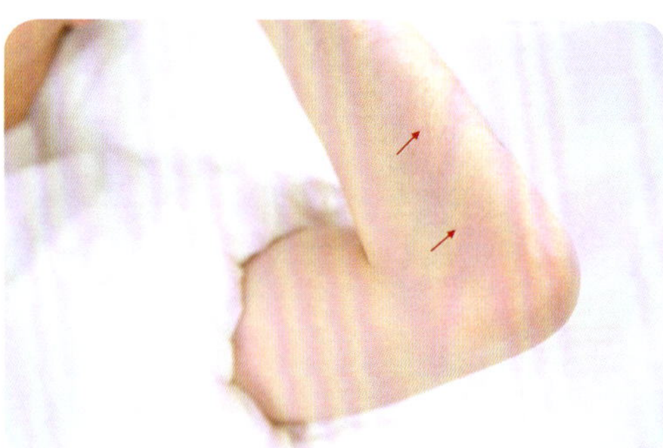

2 区域划分。因手臂结构较复杂，转折面较多，各部位的毛发生长方向不同，应对手臂进行分区域操作。一般将手臂分为小臂、手肘、大臂及内外、侧面几部分，从小臂向大臂处依次操作。在操作前应帮助顾客调整好手臂摆放动作并保持稳定，以辅助绷紧皮肤，特别要绷紧转折、关节以及臂弯等皮肤脆弱及多褶皱易脱伤的部位。美容师站在最合适、方便的位置进行操作。一般毛发生长方向如左图所示。

3 涂蜡

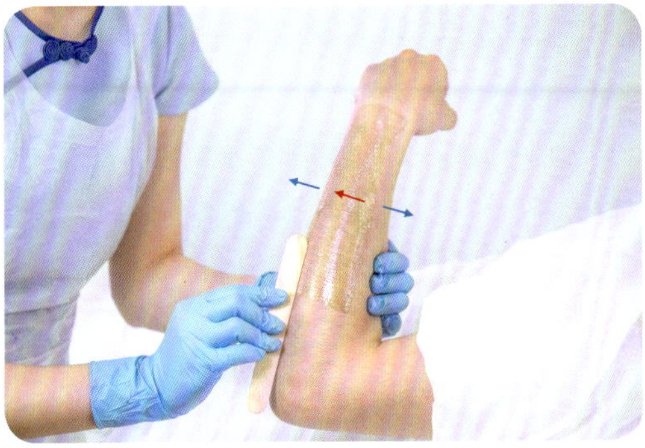

小臂外侧涂蜡。

顾客：帮助顾客手握拳头，手臂伸直或弯曲，将皮肤绷紧。

美容师：一手平缓绷紧将要操作部位的皮肤，另一手用蜡棒取出适量蜡，顺着毛发生长方向薄而均匀地涂抹。由于受毛发方向及操作位置的影响，需短距离、多次涂抹，注意每部分的衔接及涂蜡边缘应整齐，

3-1 以免重复上蜡或操作区域没有全覆盖。

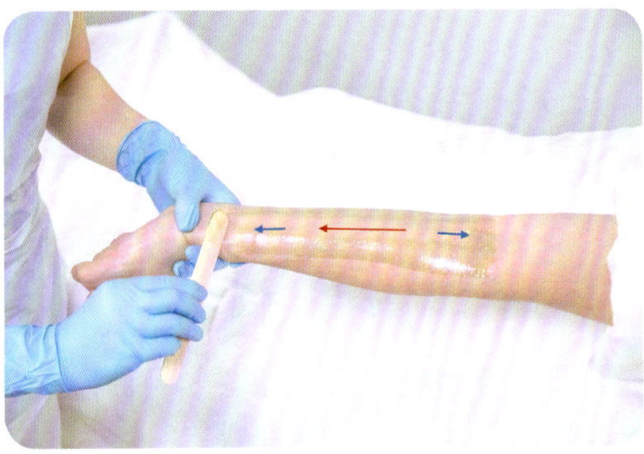

小臂内侧涂蜡。

顾客：帮助顾客伸直手臂，手掌向上握拳，手腕向后绷紧皮肤。

美容师：一手放在手腕处平缓绷紧皮肤，另一手顺着毛发生长的方向薄而均匀地涂抹。注意与小臂外侧脱毛区域的衔接，由于臂弯处的皮肤较为敏感，上蜡时

3-2 动作要轻柔。

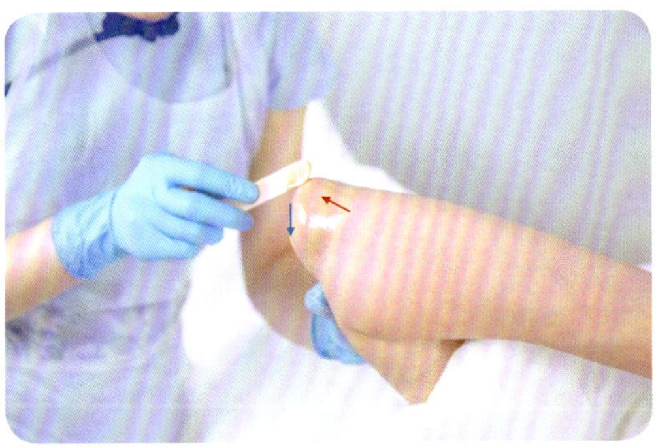

手肘涂蜡。

顾客：帮助顾客弯曲手臂，将手支撑在床头或胸前。

美容师：一手放在大臂处平缓绷紧操作部位的皮肤，另一手用蜡棒取出适量蜡，以手肘为中心点，从四周向手肘骨点

3-3 顺着毛发生长的方向薄而均匀地涂抹。

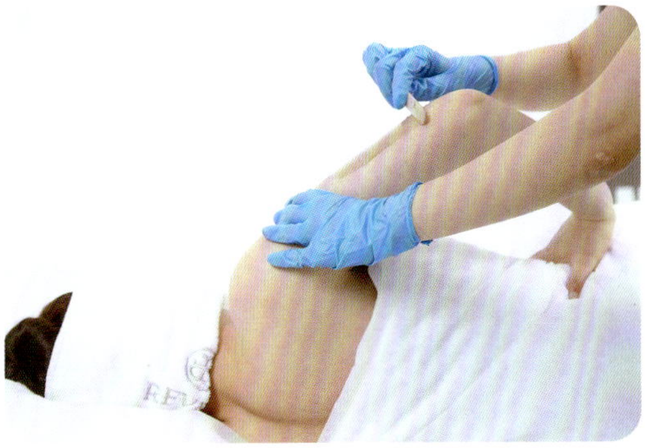

大臂涂蜡。

顾客：大臂内侧绷紧皮肤的方法同小臂一样，外侧可手臂弯曲。

3-4 美容师：操作方法同小臂。

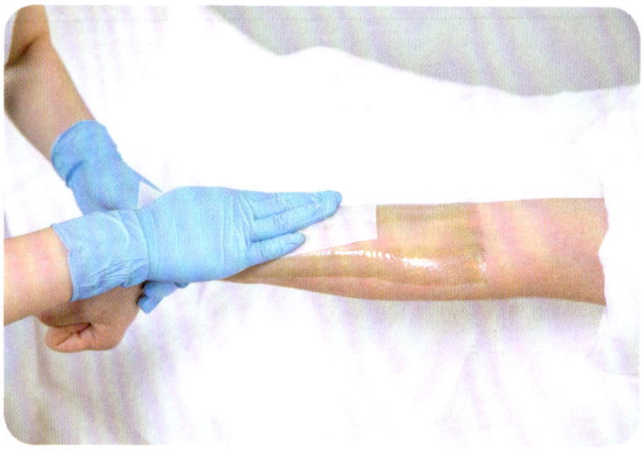

4 覆盖脱毛布。将涂好蜡的部位覆盖脱毛布，用手掌轻压将蜡和脱毛布服帖地黏合在一起。

注意涂蜡和覆盖脱毛布时不要直接盖过大小臂的连接线，应分开操作，此处的皮肤有褶皱且娇嫩很容易拉伤，覆盖及服帖脱毛布时力度要减轻，撕蜡时也要格外绷紧皮肤。

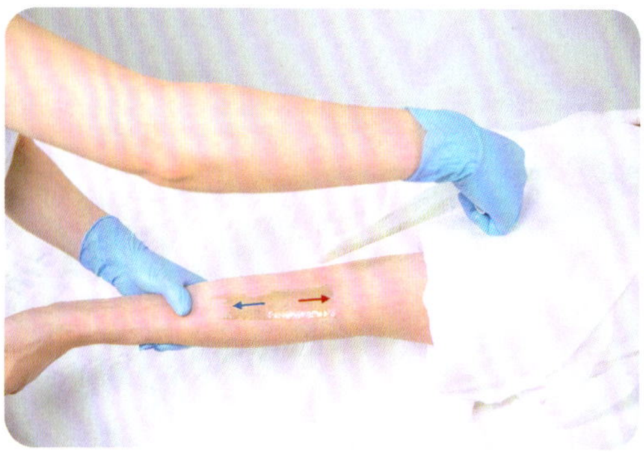

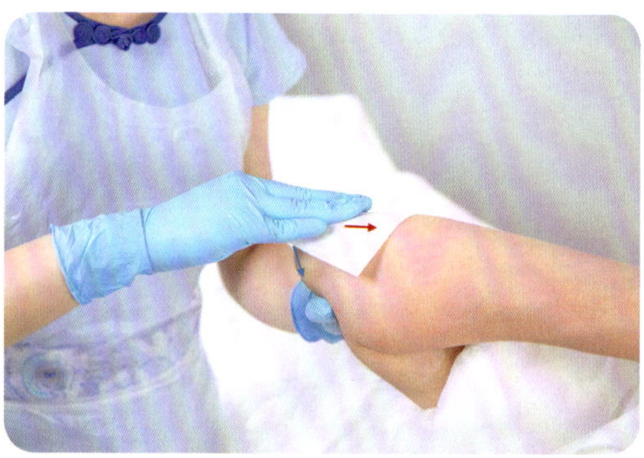

5 撕蜡。顾客以同样姿势辅助绷紧皮肤，美容师一手平缓地绷紧皮肤，另一手紧握脱毛布的末端，逆毛发生长方向且平行于皮肤轻快地将脱毛布撕脱。

以手肘部位撕蜡为例，手肘处部位特殊，在撕脱时应以手肘骨点为顶点向四周撕脱。撕蜡时，反方向绷紧皮肤，轻快地将脱毛布撕脱。

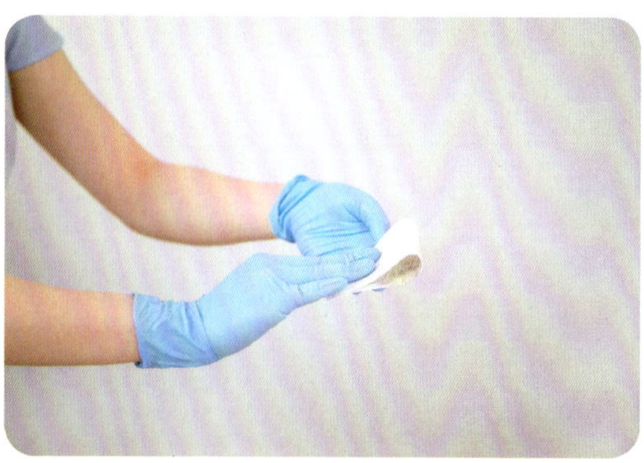

6 脱毛布的处理。若脱毛布沾有太厚的蜡和毛发，可换取新的脱毛布继续操作，并将撕脱后的脱毛布对折后再扔掉，防止用过的脱毛布污染其他工作区域。

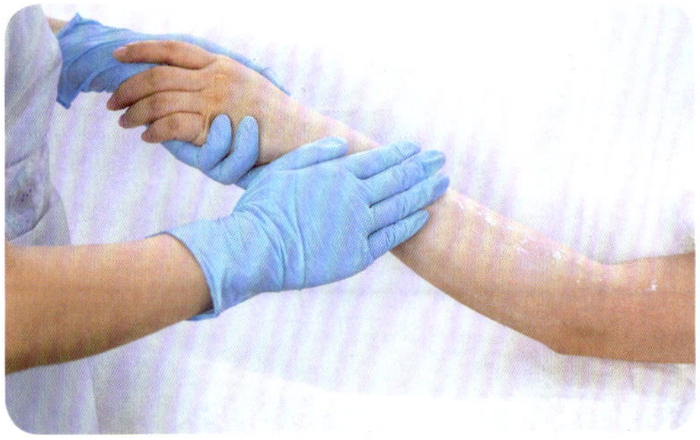

7 按抚、脱毛后护理。

四、腿部脱毛

观看软蜡腿部脱毛的操作视频请用微信扫下方二维码。

1 护理前准备。美容师在床上铺一次性垫纸，保护床单。露出顾客腿部皮肤，用垫纸保护好顾客衣物及毛巾。清洁皮肤，涂抹爽身粉，试温。

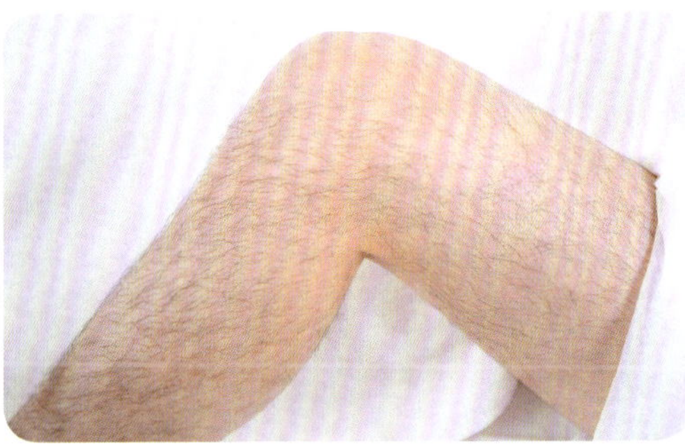

2 区域划分。可将腿部分为小腿、膝盖、大腿三部分，从小腿向大腿处依次操作。在操作时须调整顾客腿的姿势，辅助绷紧皮肤。

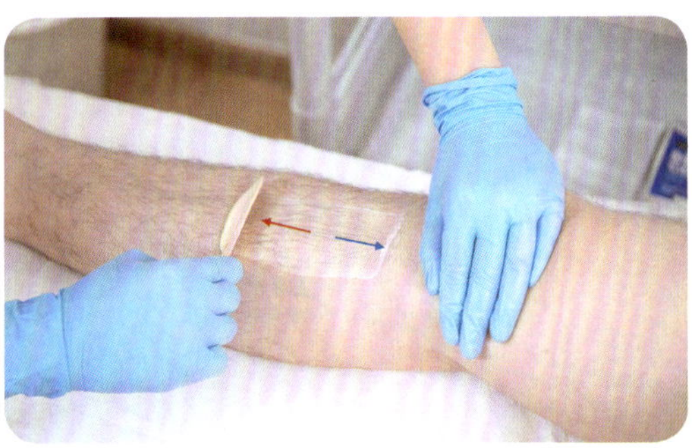

3 涂蜡

3-1 小腿涂蜡。美容师一手绷紧皮肤，另一手用蜡棒取出适量蜡，在膝盖以下顺着毛发生长的方向薄而均匀地涂抹。

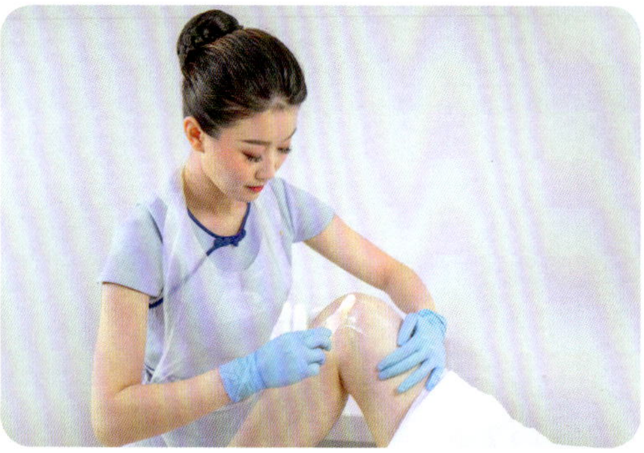

膝盖曲面以下。

顾客：帮助顾客屈膝，将脚踩在床上绷紧膝盖处的皮肤。

美容师：一手放在膝盖以上的部位绷紧皮肤，另一手用蜡棒取出适量蜡，从膝

3-2 盖一侧到另一侧依次薄而均匀地涂抹。

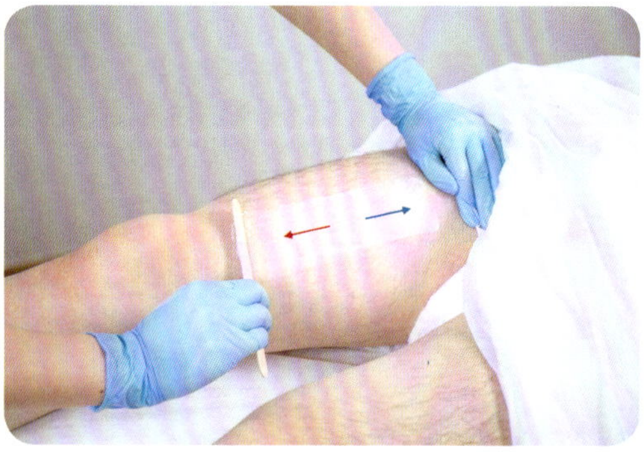

膝盖曲面以上（大腿）。将顾客的腿平放在床上，美容师一手放在大腿根部绷紧皮肤，另一手用蜡棒取出适量蜡，顺着毛发生长的方向薄而均匀地涂抹。大腿内侧毛发一般是横向生长的，脱毛时让顾客转换成与脱比基尼线两侧毛发一样的姿

3-3 态，以绷紧皮肤。

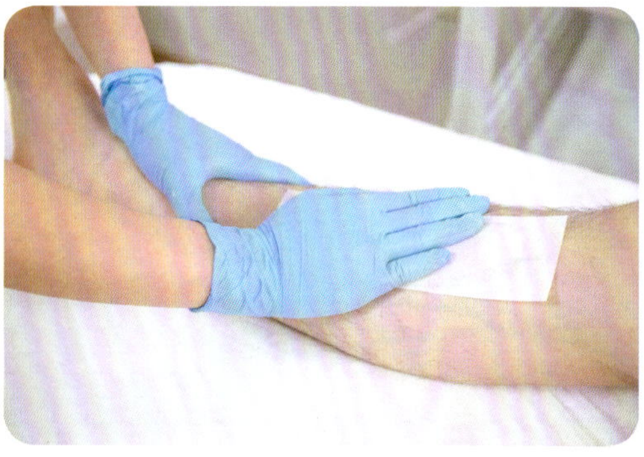

4 覆盖脱毛布。同手臂脱毛操作。

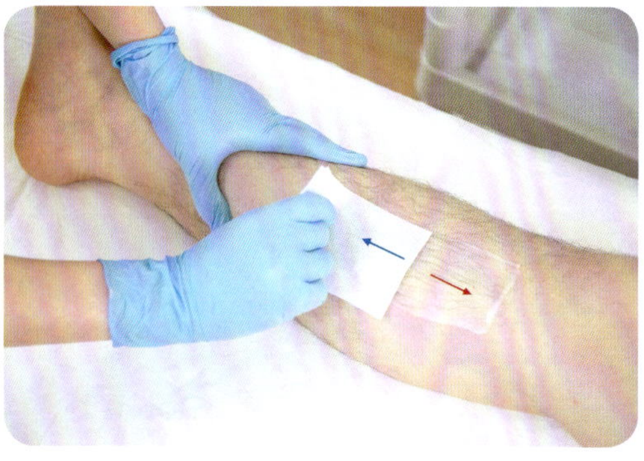

5 撕蜡。同手臂撕蜡操作。

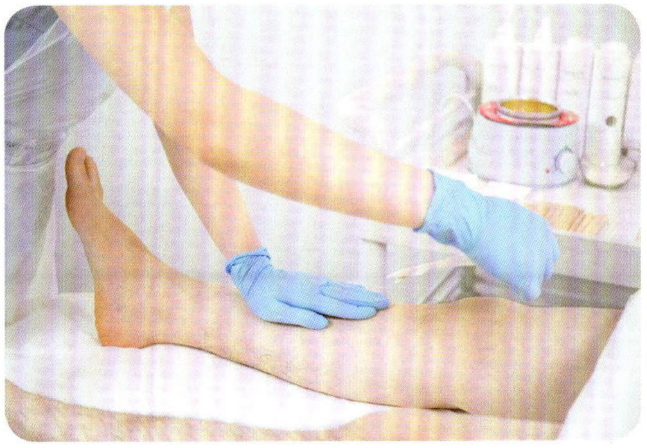

6　按抚。同手臂按抚操作。

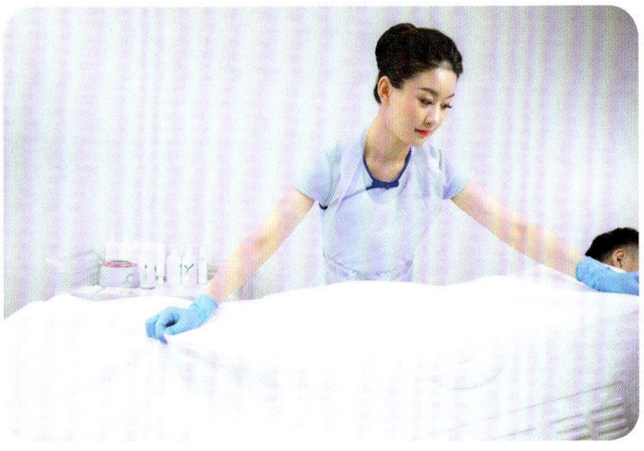

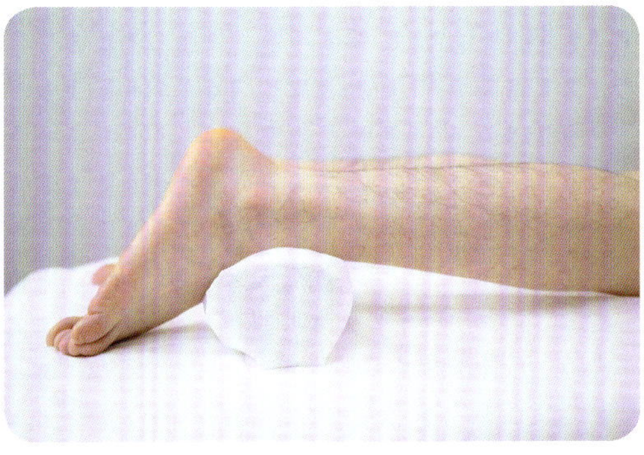

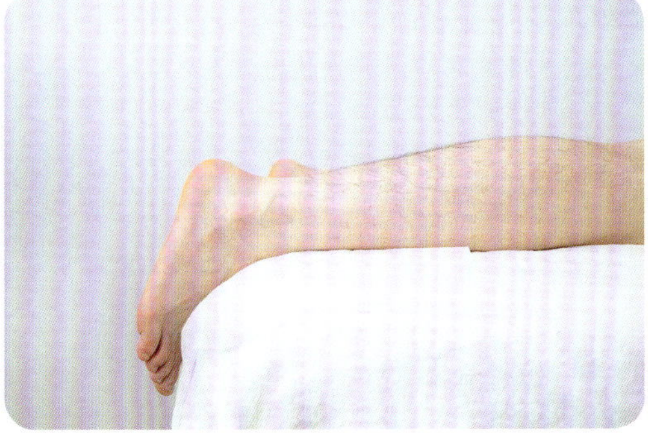

7　腿后准备。腿前操作完成后，在保护顾客隐私和舒适的情况下帮助其翻身趴下，在顾客脚踝下放置脚枕或让顾客向下移动直至脚背勾住床边，操作腿后部分。

软蜡脱毛评分表

评分项	最高分	子标准评分项描述	次数及评分						
M1	1	测试温度：调试蜡温，先在自己手臂内侧试温，再在顾客脚踝内侧试温。						
M2	1	皮肤准备：清洁皮肤，涂抹保护产品，皮肤上无多余产品。						
M3	2	涂蜡：平缓地绷紧皮肤，蜡棒与皮肤约成45°，顺着毛发生长方向薄而均匀地涂抹。						
M4	2	撕蜡：平缓地绷紧皮肤，逆着毛发生长方向快速撕蜡，不向上提。						
M5	1	按抚：每一次撕脱后立即按抚，以减少不适感。						
M6	1	重复上蜡：操作部位全程没有重复涂蜡。						
J	2	技术展示：熟练、轻快、流畅、高效。 等级配分：0分；1分；1.5分；2分。						
合计	10	得分：						

Notes

第四节 糖浆脱毛

实操内容

一、手臂脱毛

观看糖浆手臂脱毛的操作视频请用微信扫下方二维码。

1 护理前准备。同手臂软蜡脱毛。

2 取糖浆。美容师戴上手套，取适量糖浆，始终保持糖浆为一个小球状并保持在手指前端。

3 涂糖浆（区域划分同手臂软蜡脱毛）

小臂外侧涂糖浆。

顾客：帮助顾客握拳，手臂伸直绷紧皮肤。

美容师：美容师一手放在操作部位的底部，从两侧同时向下绷紧皮肤，另一手将糖浆放在脱毛部位的起点处，四指并拢，垂直于皮肤，用中等力度将糖浆以逆着毛发的生长方向拉推开，重复 3～4 次至厚薄均匀，完全覆盖毛发。

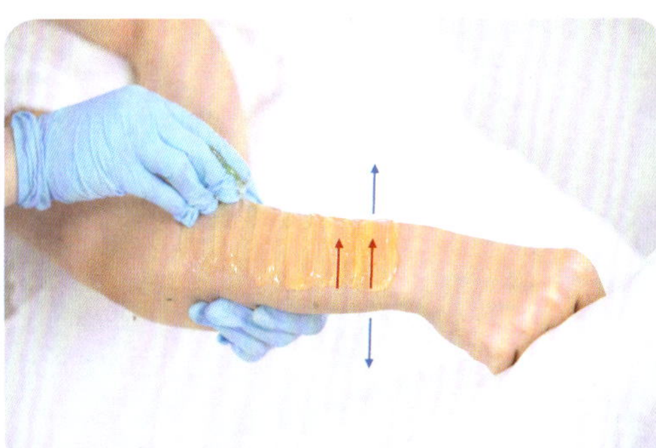

3-1

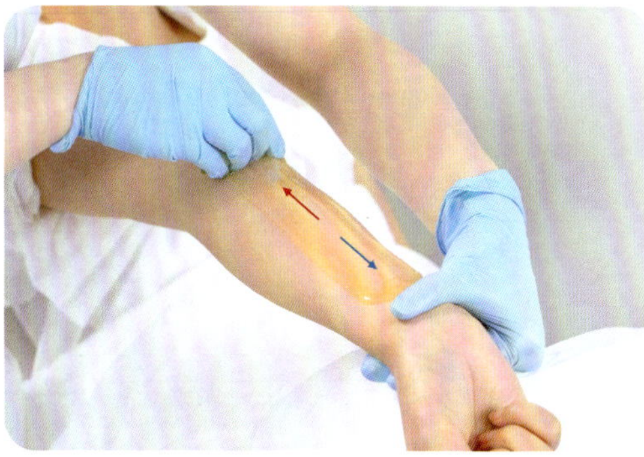

小臂内侧涂糖浆。

顾客：手臂伸直，手掌向上握拳，手腕向后绷紧小臂内侧皮肤；将手向上靠近肩膀或床头，绷紧小臂外侧皮肤。

美容师：美容师一手放在顾客手腕处

3-2 协助其绷紧皮肤，其他操作方法同上。

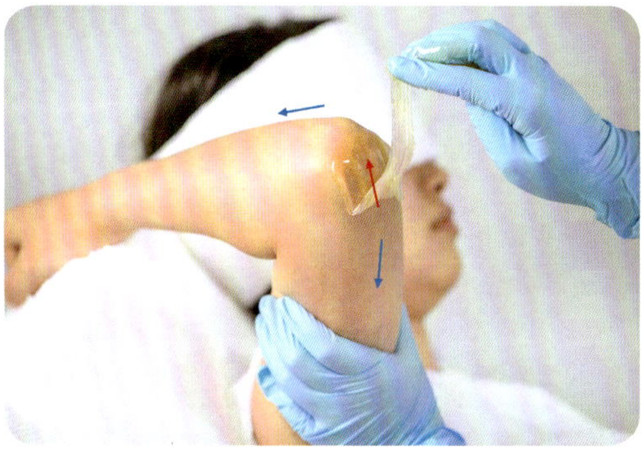

手肘涂糖浆。

顾客：辅助顾客弯曲手肘，将手支撑在床头，使肘部皮肤绷紧。

美容师：脱手肘下部毛发时，一手放在大臂中部向下绷紧皮肤；脱手肘上部毛发时，手放在小臂中部向前绷紧皮肤；脱手肘两侧毛发时，一手放在手肘两侧下部

3-3 向下绷紧皮肤。其他操作方法同上。

大臂涂糖浆。大臂内侧、外侧绷紧皮

3-4 肤的方法参照小臂的同部位。

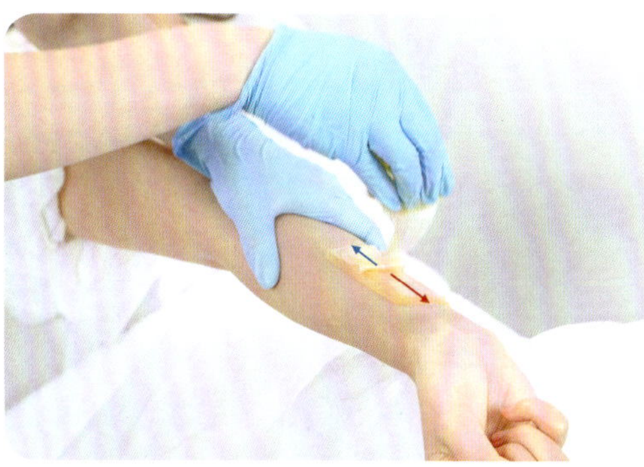

撕脱。手腕放松，四指并拢，尽量保持为一条水平线，撕脱前将糖浆带过涂抹的末尾边缘并同时减力，顺着毛发的生长方向贴近皮肤表面迅速轻弹及分段撕脱，将撕脱后的蜡堆放在指尖上，继续操作下

4 一个部位。

5 按抚。

6 脱毛后护理。

二、腿部脱毛

观看腿部脱毛的操作视频请用微信扫下方二维码。

1　护理前准备。同软蜡脱毛。

2　涂糖浆（区域划分同腿部软蜡脱毛）

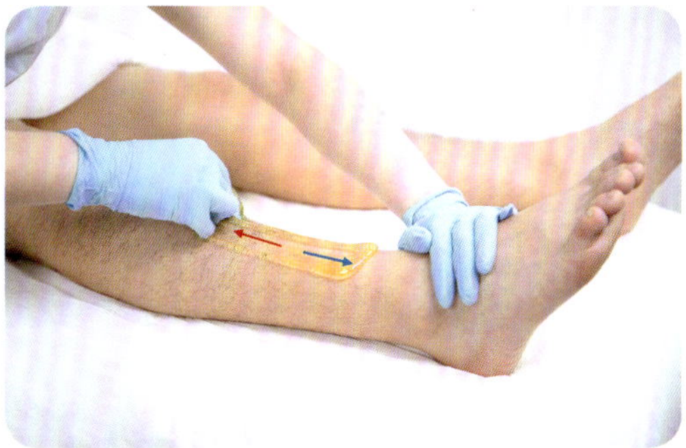

2-1　小腿。美容师一手放在脚背弯处并向下绷紧皮肤，其他操作方法同前。

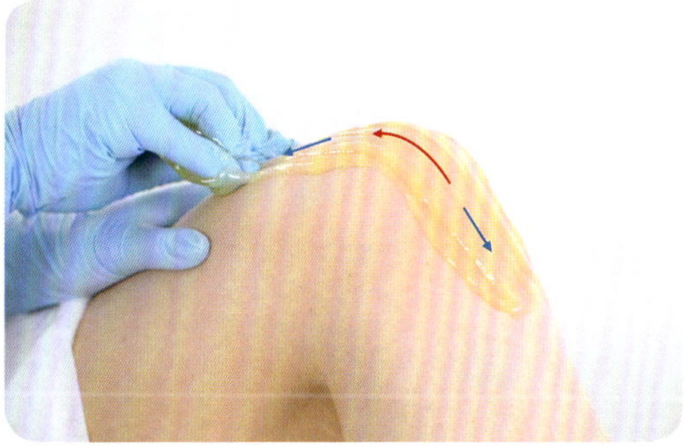

2-2　膝盖。让顾客屈膝，将脚立在床上绷紧皮肤，其他部位的操作方法同前。

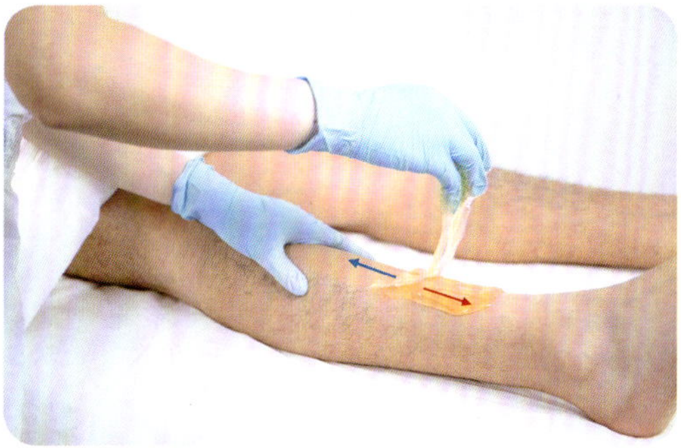

3　撕脱。同小臂撕脱操作。

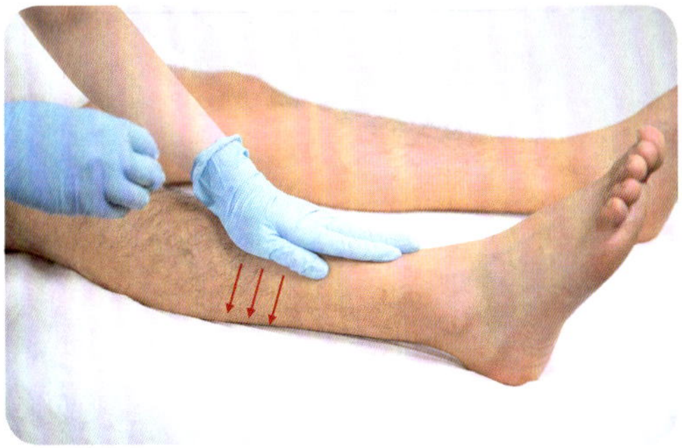

按抚。同小臂按抚操作。

4 翻身操作腿后，方法同上。最后进行脱毛后护理。

糖浆脱毛评分表

评分项	最高分	子标准评分项描述	次数及评分					
M1	1	皮肤准备：清洁皮肤，涂抹爽身粉，干燥皮肤，皮肤上无多余产品。						
M2	1	糖浆取用：消毒或清洗双手，糖浆取量适中。						
M3	2	糖浆涂抹：平缓地绷紧皮肤，糖浆以逆着毛发的生长方向拉推开，厚度均匀，毛发覆盖完全。						
M4	2	绷紧与拔起：平缓地绷紧皮肤，顺着毛发生长方向迅速轻弹并分段拔起。						
M5	2	按抚：每一次撕脱后立即用手按压脱毛位置。						
J	2	技术展示：熟练、轻快、流畅、高效。 等级配分：0 分；1 分；1.5 分；2 分。						
合计	10	得分：						

Notes